SYSTÈME
D'AGRICULTURE

SUIVI

Par M. COKE,

SUR SA PROPRIÉTÉ D'HOLKHAM,

COMTÉ DE NORFOLK, EN ANGLETERRE.

DE L'IMPRIMERIE DE MADAME HUZARD
(née Vallat la Chapelle),
Rue de l'Éperon Saint-André-des-Arts, n°. 7.

SYSTÈME
D'AGRICULTURE

SUIVI

PAR M. COKE,

SUR SA PROPRIÉTÉ D'HOLKHAM,

COMTÉ DE NORFOLK, EN ANGLETERRE;

DÉCRIT

PAR EDWARD RIGBY, ESQ., ET FRANCIS BLAIKIE;

TRADUIT DE L'ANGLAIS,

Avec addition des dessins et des descriptions des instrumens extraordinaires dont on fait usage dans cette grande exploitation ;

PAR F.-E. MOLARD,

Ancien Élève de l'École Polytechnique, Sous-Directeur du Conservatoire royal des Arts et Métiers, Membre honoraire du Comité consultatif des Arts et Manufactures.

Nihil est agriculturâ melius.
CICERO.

———❖———

A PARIS,

Chez { MADAME HUZARD, Libraire, Rue de l'Éperon, n°. 7.
MONGIE aîné, Boulevard Poissonnière, n°. 18.

1820.

AVERTISSEMENT.

Quand un voyageur a le bonheur de recueillir, dans les pays étrangers qu'il parcourt, quelques observations ou quelques procédés utiles, qui peuvent trouver d'heureuses applications dans son propre pays, il doit regarder comme un devoir d'en faire hommage à ses concitoyens. C'est ce sentiment qui me porte à publier cet ouvrage.

Personne, je pense, ne traverse l'Angleterre et la partie méridionale de l'Écosse, sans remarquer quels prodigieux efforts on a dû faire pour obtenir dans ce pays, si peu favorisé de la nature, ces campagnes si fertiles, ces belles et magnifiques habitations, ces troupeaux immenses, ce bétail et ces chevaux superbes qu'on voit partout.

En recherchant les causes qui ont pu amener des résultats si extraordinaires, on les trouve dans l'application constante de méthodes perfectionnées, dans le goût qu'ont les propriétaires anglais pour la campagne et les travaux des champs. Excités par une émulation louable, tous veulent se distinguer dans ce concours perpétuellement ouvert, où avec du profit, ils sont sûrs de trouver encore l'estime publique, récompense la plus ambitionnée par des gens éclairés. Riches, ils ne craignent pas de faire les dépenses qu'occasionne l'essai des procédés ou des instrumens nouveaux, que les petits propriétaires ou les fermiers du voisinage s'empressent d'adopter, dès que l'expérience en a confirmé le bon effet. C'est ainsi que, de proche en proche, les bonnes méthodes se propagent et se fixent dans le pays.

Mais, ce qui contribue plus particulièrement à les répandre, ce sont les grands travaux agricoles dirigés par la science, auxquels se livrent des hommes tels que les ducs de Betfort, de Norfolk, M. Coke, et autres grands propriétaires. Leurs domaines sont comme de grandes fermes expérimentales, où chacun peut aller s'instruire et voir pratiquer les meilleurs procédés. On pourra juger de l'importance de ces travaux, et par conséquent de l'influence qu'ils doivent avoir sur les progrès de l'agriculture dans le pays, par la traduction que je donne du système particulier de M. Coke, décrit et publié par M. Rigby, membre de la

Société philosophique de Norwich. J'y ajoute, comme un développement nécessaire, l'art de faire les fumiers de basse-cour, et la méthode de tranformer les terres cultivées en pâturages, publiés séparément par M. Blaikie, directeur des travaux d'Holkham.

Je dois à la recommandation de M. le colonel Sheldon, membre du Parlement, l'accueil distingué que j'ai reçu de M. Coke, lorsque je me suis présenté à Holkham. J'ai éprouvé et vu par moi-même combien sont mérités les éloges donnés dans cet ouvrage au caractère noble et hospitalier de ce gentleman et à son admirable système d'agriculture. C'est alors que je formai le projet de le faire connaître en France. Je ne me suis, toutefois, attaché à traduire que les passages nécessaires pour le faire comprendre. J'ai omis, comme peu intéressans pour nous, des détails d'un intérêt local, et quelques-uns des discours louangeurs que les Anglais ont l'habitude de se prodiguer dans les réunions solennelles ; mais j'ai ajouté un mémoire de M. M'adam, ingénieur distingué, sur la construction et l'entretien des grandes routes, en Angleterre, et une instruction de M. Blaikie sur les chemins vicinaux, qui m'ont paru contenir des choses intéressantes. J'ai eu garde aussi d'oublier la description et le plan des principaux instrumens dont on fait usage à Holkham, qu'on regarde comme les plus parfaits, et que M. Coke a bien voulu me permettre de dessiner.

Je me flatte que, dans les circonstances actuelles, où le charme des occupations agricoles est généralement senti, où le besoin d'instruction réclame la formation de fermes expérimentales; je me flatte, dis-je, que le public et les propriétaires éclairés accueilleront favorablement ce travail, et joindront leurs suffrages à celui qu'il a obtenu de MM. les honorables membres qui composent le Conseil d'Agriculture.

PRÉFACE DE L'AUTEUR.

Cet ouvrage, rédigé sur des notes prises à Holkham, sous les yeux mêmes de M. Coke, a été lu à la Société philosophique de Norwich, en décembre 1816. Il ne fut pas d'abord destiné à être publié. Ce sont les attaques indécentes dont M. Coke a été l'objet dans les dernières élections, qui m'ont déterminé à cette publication. Ces hostilités, que les plus viles passions avaient fait naître et nourrissaient par des libelles clandestins, étaient dirigées contre lui, sur-tout à cause de sa grande fortune et de son système particulier d'agriculture. On lui faisait un crime, dans le pays, du changement qu'il avait apporté dans le système de fermage et dans le mode du travail des terres, système qu'on accusait de priver les pauvres d'ouvrage et de faire renchérir le blé.

On gagnerait peu, quand la chose serait praticable, à rechercher la véritable cause de pareilles clameurs ; mais il est certain que, durant quelque temps, l'opinion publique avait pris le change au sujet du système de M. Coke, et que, même, des personnes qu'on ne peut soupçonner de motifs indignes, ont contribué à perpétuer cette prévention.

Par principe d'équité, non-seulement envers M. Coke, mais envers le public, encore plus intéressé que lui au résultat, on me saura gré, j'espère, de chercher à redresser l'opinion à cet égard, et il est évident qu'on ne peut le faire avec plus de succès qu'en exposant le système même, tel qu'il existe dans le lieu où il est pratiqué le plus complétement.

C'est l'objet que je me suis proposé en publiant cet essai. La vérité des faits rapportés ne saurait être contestée , et les réflexions qui les accompagnent , j'ose l'espérer du moins , sont de nature à ne laisser aucun doute dans l'esprit des personnes qui voudront l'examiner sans prévention.

Le succès de cette brochure ayant de beaucoup dépassé mes espérances , et les première et deuxième éditions ayant été promptement épuisées , j'en fais faire une troisième à laquelle j'ajoute de nouveaux renseignemens que j'ai recueillis dans une seconde visite à Holkham , lors de la tonte des moutons , au mois de juillet 1818.

Écrit à diverses reprises , cet ouvrage n'a pas la suite et toute l'unité de style qu'on pourrait souhaiter ; il doit aussi offrir le défaut de quelques répétitions ; mais j'ai cherché sur-tout la clarté, si nécessaire dans un récit, et si indispensable dans des détails de procédés.

J'ajoute à cet écrit, comme ayant quelques rapports à l'agriculture d'Holkham, l'analyse de l'ouvrage du docteur Ogilvie sur le droit de propriété en terre.

SYSTÈME D'AGRICULTURE

Par M. COKE,

SUR SA PROPRIÉTÉ D'HOLKHAM.

C'EST vers la fin du mois d'août 1816 que j'ai visité la magnifique propriété d'Holkham (1). On est d'abord frappé de la beauté du site, de la fertilité des terres, de l'air d'aisance et de richesse qui règne dans ce vaste domaine que le propriétaire, M. Coke, a rendu si remarquable par l'application de son système d'agriculture. On ne l'est pas moins de l'accueil aimable et plein de libéralité et de franchise qu'il fait aux étrangers qui viennent le visiter.

Dans cet écrit, je me propose de faire con-

____

(1) Holkham est situé dans le comté de Norfolk, à 35 lieues N. E. de Londres, près Wells, petit port de mer assez triste.

naître les améliorations extraordinaires que
M. Coke a obtenues dans la valeur de son immense domaine, en le faisant cultiver d'après
un système qui lui est particulier. Ce système
embrasse non-seulement l'art de cultiver les
terres, mais encore les encouragemens qu'il convient de donner à ses fermiers, les baux à long
terme, les plantations et les irrigations les mieux
entendues jusqu'à ce jour.

Quoique dans tout, M. Coke ait été singulièrement heureux, il n'a pas encore néanmoins
reçu l'approbation générale. Il lui reste à combattre et à détruire des préjugés établis depuis
long-temps; et moi-même, en donnant mon opinion à ce sujet, je rencontrerai probablement
quelques oppositions de sentiment, mais elles
feront naître des discussions qui seront, je l'espère, très-instructives.

Étant monté à cheval avec M. Coke, nous
parcourûmes d'abord d'un bout à l'autre, une
ferme d'Holkham, et ensuite une autre située à
Warham, tenue par un fermier intelligent. Celui-ci m'ayant permis de lui adresser des questions auxquelles il semblait prendre plaisir à
répondre, j'en tirai d'assez importantes instructions.

Ma première impression fut celle du plaisir

et de l'admiration à l'aspect d'une si belle et si riche moisson, tant en froment qu'en orge, entièrement dégagée de toute espèce de mauvaises herbes. M. Coke estime le produit de chaque acre à 10 ou 12 coombs de froment et 20 d'orge (1). Le produit du sol se trouve ainsi doublé depuis l'adoption du nouveau système de culture. Cette partie de son bien était si stérile lorsque le fermier actuel en prit possession, qu'une grande étendue n'était louée qu'à raison de 3 shellings l'acre. M. Coke offrit même à l'ancien fermier de renouveler un bail de 21 ans à 5 shellings l'acre; mais le fermier n'eut pas le courage d'accepter cette offre. Alors M. Coke lui procura une autre ferme sous un autre propriétaire. A cette époque, on ne cultivait point le froment dans ce district; on n'en voyait pas un épi dans tout l'intervalle qui sépare Holkham de Lynn, intervalle de 9 à 10 lieues dans le voisinage de la mer; on ne croyait même pas pouvoir y en faire croître, tant le système de culture des fermiers était misérable et peu productif. Mais quel chan-

---

(1) L'acre égale 40,4 ares, et l'are équivaut à 1600 pieds carrés, c'est-à-dire que l'arpent de 40,000 pieds contient 25 ares, et que l'acre égale un arpent 3/8 environ. Le coomb = 4 boisseaux = 32 gallons = 142,62 litres.

gement a été produit depuis par l'application des nouveaux principes, fruits de la science et de l'industrie !

Malgré les pluies abondantes de cet été, qui, sur d'autres fermes, ont produit tant de mauvaises herbes, et ont rendu en général la récolte moins riche qu'à l'ordinaire, je ne puis m'empêcher de répéter qu'à peine on aperçoit ici une seule plante parasite. Dans plusieurs endroits, la récolte était déjà commencée, et la terre, après la coupe du froment, paraissait aussi propre que le plancher d'une grange. Le temps était beau, c'était un spectacle très-agréable que de voir les moissonneurs au travail; ils étaient divisés par pelotons et avaient chacun leurs lots particuliers à couper. Parmi eux, je remarquai avec beaucoup d'intérèt un homme veuf et ses deux filles âgées de douze et quatorze ans, qui mettaient un grand zèle à terminer le leur.

Le lendemain, je retournai avec M. Coke dans une ferme très-étendue qu'il possède à Warham, paroisse voisine, et dont M. Blomfield est le fermier; elle est cultivée d'après le système d'Holkham. Nous parcourûmes un grand espace sans apercevoir une seule mauvaise herbe. Par-tout la récolte était superbe et en quelque sorte plus riche que chez M. Coke lui-même, sur-tout dans une pièce de 70 acres située près de la mer. Ayant franchi la forte haie d'épine qui l'entoure, nous trouvâmes toutes ses parties également bien fournies et exemptes de mauvaises herbes, à l'exception d'une seule plante de sénevé (*si-napis arvensis*). Je la signalai à un jeune Allemand qui réside chez M. Blomfield pour apprendre l'agriculture d'Holkham ; il courut aussitôt à l'endroit indiqué, et l'arracha avec indignation.

M. Blomfield a le mérite d'avoir découvert et mis en pratique un procédé qui doit produire de grands bénéfices pour le pays de Norfolk. Les anciens pâturages de ce canton étant très-défectueux , on a essayé, mais en vain, de les améliorer en retournant la terre et en faisant de nouveaux semis ; il n'en est résulté que beaucoup de frais et peu de succès. Maintenant la restauration de ces pâturages se fait par une opération qu'ils appellent plaisamment *ino-culer la terre*. On obtient dans la saison même un très-riche pâturage, plus abondant que les anciens.

Sans entrer ici dans les détails de cette opération, qu'on trouvera d'ailleurs complets à la suite de cet ouvrage, je me borne, pour le moment, à dire qu'elle consiste à placer des pièces de gazon, mottes ou jongs d'environ 3 à 4 pouces carrés, à côté les unes des autres, laissant un intervalle de terre non recouvert, entre chaque morceau de gazon, de la même étendue que celui-ci, de sorte que le terrain ressemble à une plantation en quinconce où la partie recouverte n'est que le quart de la surface totale (1). Les pièces de gazon ainsi placées sont battues et bien enfoncées dans la terre, qu'on a eu soin auparavant de labourer et de herser. C'est à cause de cet enfoncement que M. Blomfield a nommé cette opération *inoculer la terre* (2). Elle doit avoir lieu pendant les mois de l'hiver. Avant la fin de l'été, on voit les gazons s'étendre, s'unir de manière à présenter l'aspect d'un ancien pâturage. J'ai vu 30 acres de terre, près la maison de M. Blomfield, d'un sol si mauvais, si léger, si graveleux, qu'il ne valait pas auparavant 5 shellings l'acre, et qui, aujourd'hui, d'après ce procédé, est devenu un

---

(1) 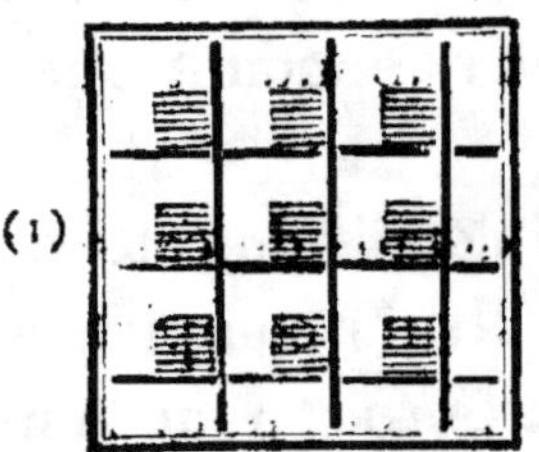 Les carrés noirs représentent les gazons.

(2) On verra plus loin que cette dénomination a été abandonnée et remplacée par celle de transplantation.

excellent pré, qui vaut 3o shellings l'acre.
M. Coke faisait alors préparer auprès de son habitation d'Holkham, une pièce immense de
terre pour être améliorée de cette manière (1).

Je demandai à M. Blomfield comment cette
idée lui était venue. Il me répondit que c'était
par la remarque qu'il avait faite que les gazons
dont le sommet des berges ou digues en terre,
était couvert, bien qu'ils ne fussent pas contigus
les uns aux autres, mais bien battus et enfoncés
avec la bêche, s'étendaient rapidement sur toute
la surface, sur-tout si les mauvaises herbes ne
venaient pas les étouffer.

Cette innovation peut être regardée, au moment où j'écris, 1818, comme parvenue à une
grande perfection. Elle a déjà produit d'excellens pâturages sur une grande étendue de terre,
tant à Holkham que dans le voisinage et même
dans les endroits les plus reculés du canton. La
manière de l'opérer est très-simple, et la dépense
ne s'élève pas au-delà de 3o shellings par acre,
dépense dont on est remboursé par la récolte
de la première année. Une pièce de terre assez

______

(1) J'ai vu, en août 1819, ce pré, dont la surface est
aussi unie que celle des anciens pâturages. Mais il faut
dire qu'on a passé dessus, à plusieurs reprises, le rouleau
de fer extrêmement chargé.

considérable, qui a été inoculée l'hiver dernier, a excité l'admiration, l'enthousiasme même des personnes qui sont venues assister à la tonte des moutons. On la prenait, à une très-petite distance , pour un superbe champ de froment (1).

L'adoption qu'a faite M. Coke, du semoir mécanique ou drille, doit être regardée comme une des principales causes des beaux résultats qu'il obtient aujourd'hui. On y trouve en même temps économie de semence, de travail, de temps, et un surcroît de façon pour le sol, dont il détruit non-seulement les mauvaises herbes qui auraient échappé aux premières opérations du labourage, mais encore rend faciles les sarclages ultérieurs (2).

Tout le monde connaît les avantages d'un labourage profond et souvent répété, ainsi que d'un hersage qui, en broyant et pulvérisant le sol, détruit le germe des herbes parasites et le dispose à recevoir la semence. L'emploi du drille

---

(1) Pour enlever le gazon, il faut deux instrumens, le scarificateur et la charrue à labourer sous terre, qu'on passe successivement dans des directions perpendiculaires. (*Voyez* pl. Ire., fig. 1 et 2, et pl. II, fig. 4.)

(2) Nous continuerons à nommer drille le semoir mécanique.

pour ensemencer les terres, l'exige impérieuse-
ment, et s'il restait encore quelques mauvaises
plantes, il faudrait, dans le courant de l'été,
avoir soin de les arracher. C'est par de telles
précautions, et en semant les graines par rangées beaucoup plus écartées que de coutume,
que M. Coke a obtenu de si riches récoltes.
Avant l'adoption de ce système, les rangées de
froment étaient distantes les unes des autres,
de 4 a 6 pouces. Les nouveaux drilles de M. Coke
les sèment de 9 en 9 pouces, ce qui permet de
passer entre les rangées la houe à cheval renversée, tant pour en amender le sol, que pour
détruire les mauvaises herbes. Cette dernière
opération se pratiquait autrefois, mais très-imparfaitement, par des femmes. La nouvelle méthode excite dans le blé qui reste une végétation
beaucoup plus vigoureuse.

En dernière analyse, c'est l'expérience qui
doit faire apprécier la valeur de tel ou tel système d'agriculture; mais il est incontestable que
le *rechaussement* des racines d'une plante quelconque, lui donne de la vigueur et la fait pul-
luler (1). C'est un des avantages dus au semoir

---

(1) *Pullulat ab radice aliis densissima sylva.*

Virg., Georg.

mécanique, dont l'invention appartient à Tull, par la facilité qu'on a de passer le sarcloir à cheval dans les intervalles des rangées de blé, pendant que celui-ci est encore jeune et en herbe.

Le moyen le plus efficace de faire multiplier les plantes est, sans contredit, la transplantation. Le docteur Darwin, dans sa Phytologie, ou Traité de botanique, donne le dessin d'une plante de froment tirée d'un champ de blé au printemps, et qui ne se composait alors que de deux tiges. Elle fut plantée dans son jardin à une assez grande profondeur pour cacher entièrement de terre les deux ou trois premiers germes qui paraissaient près de la racine. Lorsque, le 24 septembre, on leva cette plante, elle se trouva composée de six tiges.

Un exemple encore plus frappant est rapporté dans les Transactions philosophiques de Charles Miller de Cambridge, vol. 58, page 265. Ayant semé du froment, le 2 juin 1766, il en retira, le 8 août, une plante composée de dix-huit germes qu'il separa et replanta isolément. Celles-ci furent encore relevées, séparées et replantées vers le milieu de septembre et d'octobre, pour soutenir l'hiver. Cette opération avait produit soixante-sept plantes, qui furent encore relevées, séparées et replantées vers le milieu de mars et d'avril suivant. Elles produisirent cinq cents plantes nouvelles; et le résultat fut qu'un seul grain de froment avait donné 21,109 tiges ou épis, produisant 3 picotins trois-quarts de blé, pesant 47 livres 7 onces, estimés devoir être composés de 576,840 grains.

Une autre manière de faire multiplier les tiges, sans déplacement, est de rechausser les racines de terre fraîche, comme nous l'avons déjà dit; mais, suivant le docteur Darwin, il faut que les premières jointures de chaque tige se trouvent entièrement recouvertes de terre. Alors les racines de chaque tige se trouvent rapportées à ces jointures, ainsi que cela a lieu dans l'opération qu'on appelle *provigner*; chacune donne de nouveau plusieurs tiges, qu'on est maître de multiplier à l'infini, en continuant à recouvrir de terre les jointures qui paraissent successivement. Dans cette opération, la vieille souche ou racine continue à nourrir les tiges jusqu'à ce que les racines particulières de celles-ci puissent y suffire. Alors la première racine cesse d'être utile et meurt.

Sir Humphry Davy a la même opinion sur cet objet. Il regarde l'ensemencement des terres par le moyen du drille, comme très-favorable à la multiplication des racines, et par conséquent des tiges. Voyez ce qu'il en dit dans ses Élémens de chimie appliquée à l'agriculture, p. 204 (1).

M. Coke a graduellement élargi les lignes ou intervalles des sillons de navets, qui, selon la méthode de Northumberland, n'étaient que de 12, 15 et 18 pouces; mais il a porté cet intervalle jusqu'à 27 pouces. Cette large dimension lui permet de faire passer entre chaque rangée une forte houe à cheval, dont la forme variable détruit tantôt les mauvaises herbes, et tantôt rechausse le pied des plantes. Un seul garçon de ferme, conduisant cet instrument et un cheval au trot, en travaille de cette manière 12 acres par jour. Cet instrument a été perfectionné par M. Blaikie. C'est un excellent mécanicien qui en a imaginé et exécuté beaucoup d'autres, généralement adoptés par les bons cultivateurs.

C'est dans l'année 1816 que M. Coke a commencé à semer ses navets de Suède par rangées distantes les unes des autres de 27 pouces, et il en obtint une récolte de 10 tonnes de plus par acre qu'auparavant, c'est-à-dire quand il les semait à la manière de Northumberland, à 15

_____

(1) Cet ouvrage vient d'être traduit en français par M. Bullos.

ou 18 pouces. J'en ai vu deux champs d'environ 60 acres chaque, ensemencés de l'une et l'autre manière; mais celui dont les rangées étaient de 27 pouces, fournit des navets incomparablement plus gros, en plus grande quantité, et sur-tout un fourrage plus abondant.

Les navets semés par le drille sont souvent trop fournis, et pour qu'ils ne s'étouffent pas, il faut les éclaircir. Cette opération ne peut se faire qu'à la main, et on y emploie, en temps convenable, des femmes et des enfans.

Les navets de Suède forment la principale et la plus précieuse récolte pour la nourriture des bestiaux. Ils sont semés dans les meilleures terres depuis le premier mai jusqu'au milieu de juin. M. Coke continue à cultiver, sur son plus léger sol, les navets communs du pays et les navets jaunes d'Écosse. Ces derniers sont semés depuis le milieu de juin jusqu'au milieu de juillet.

En 1814, M. Blaikie publia quelques observations sur la manière de conserver les navets de Suède; elle est employée maintenant avec succès à Holkham; voici en quoi elle consiste: les navets étant retirés de terre vers la mi-novembre, ou lorsqu'ils ont entièrement acquis leur maximum de croissance, vous en séparez les feuilles et la queue, pas très-près, et vous rangez les navets les uns sur les autres dans un creux profond, pratiqué dans un potager ou sous un hangar dont le sol est formé de vieux terreaux mouvans. Vous avez soin de les placer dans leur position naturelle, c'est-à-dire la queue en dessous. Ainsi rangés, le produit d'un acre prend moins de place qu'on ne pourrait se l'imaginer. Dans les temps froids de l'hiver, il faut les couvrir d'une légère couche de paille. De cette manière, ils se conserveront bien et seront encore frais et fermes au mois de juin suivant.

Ceux qu'on ne récolterait qu'au printemps (il faut alors absolument les arracher si vous ne voulez pas détériorer le sol et même la qualité des racines), ceux-là, dis-je, seront disposés comme nous l'avons dit, mais seulement sous l'abri de quelque arbre.

Lorsqu'on transportera les navets de Suède au lieu de leur consommation, il faudra avoir soin de les nettoyer des terres qui pourraient encore les envelopper, et ensuite les poser sur un sol propre et dur, ou bien dans un grand cuvier de bois où ils ne puissent pas être exposés à souffrir des injures du temps.

Quant aux navets ordinaires qu'on remise dans l'endroit même où ils ont été récoltés, il faut, pour les préserver du froid et des attaques des bêtes fauves, les recouvrir de nattes de paille et les entourer d'un abri de terre et d'un fossé.

Il en coûte 4 shellings et demi à 5 shellings, pour arranger de cette manière les navets de Suède produits par un acre de terre.

Ces navets fournissent, en général, une excellente nourriture pour les bestiaux, et particulièrement pour les moutons ; mais il faut qu'ils soient coupés par morceaux. A cet effet, on se sert d'une machine qui opère cette division avec une grande vitesse, et dont on trouvera la description et le plan à la fin de cet ouvrage. Les navets destinés à la nourriture des très-jeunes et très-vieux moutons, seront hachés plus menu que pour les moutons d'un âge moyen. Ce manger leur est donné dans des auges de bois ou de fonte de fer.

Immédiatement après la récolte des navets, on labourera profondément le sol pour le rendre propre à un nouvel ensemencement.

Il est généralement reconnu que la substance des gros navets suédois (rutabaga) est, dans toutes les circonstances, d'une qualité supérieure à celle des petits navets communs ; que la partie nutritive des premiers est dans une proportion plus forte, à cause de la peau qui est toujours plus épaisse dans les navets com-

muns; et que cette peau, fût-elle même d'é-
gale épaisseur dans l'une et l'autre espèce de
navets, il n'en serait pas moins vrai que le
même carré de terre donnera toujours un produit plus considérable des premiers que des se-
conds. Cette discussion peut paraître minutieuse, mais on ne saurait trop faire sentir combien les navets suédois sont supérieurs aux
autres, et par leur qualité particulière, et par
la quantité que produit un même terrain. Ainsi,
en bonifiant sa culture, vous en obtenez beaucoup plus par acre, et d'une qualité supérieure. Ce résultat est entièrement dû au système du *drillage* adopté par M. Coke. Jamais
on ne vit l'apparence d'une plus magnifique
récolte que celle de l'année 1817, non-seulement à Holkham, mais encore dans une ferme
de lord Albemarle, à Quiddenham, dans cette
même contrée.

M. Coke est très-libéral d'engrais pour ses
navets. Il n'en met jamais moins de quatorze
charges par acre, tandis qu'ordinairement on
n'en met que dix. Indépendamment de la quantité de fumier dont nous venons de parler, il
fait encore semer, en même temps que la graine
et par le même drille, un tonneau pour six
acres, de poudre de gâteaux d'huile. Cela donne

à la terre une force de végétation dont on ne peut se faire une idée.

Il a aussi une méthode particulière de préparer ses fumiers de basse-cour, qui en augmente tout-à-la-fois la quantité et la qualité. C'est d'en faire un mélange intime et de le laisser, avant de l'employer, se consommer complétement dans des fosses pratiquées à cet effet. Il a soin sur-tout de ne le faire répandre sur les champs qu'au moment où l'on va labourer. Enfoui frais, il a plus de vertu, et alors il n'est pas nécessaire d'y ajouter la poudre de gâteaux d'huile dont nous avons parlé tout-à-l'heure ; on la réserve pour le froment.

M. Blaikie a publié une petite brochure fort intéressante sur l'art de faire les engrais dans les fermes. Il y a ajouté des réflexions judicieuses sur la construction et l'entretien des grandes routes, mais principalement sur les chemins des fermes et des paroisses, que nous appelons vicinaux (on la trouvera à la suite de cet ouvrage).

Jusqu'à présent la récolte des navets, si utile et si importante pour la nourriture des bestiaux, malgré les grands soins qu'on donnait à leur culture, n'était regardée que comme très-incertaine. Elle dépendait en quelque sorte de la pluie et du beau temps ; car les pluies en général leur sont très-favorables, tandis que les sécheresses les font périr. Cette plante exige dans sa racine une humidité constante, afin qu'une végétation vigoureuse répare promptement les atteintes inévitables que lui portent les insectes. On a vu, pendant des sécheresses, des récoltes entières en devenir la proie. Des piéges ingénieux ont été inventés pour combattre ce fléau en détruisant les insectes. Le piége à mouches de M. Paul, fermier intelligent de Starston, remplit parfaitement cet objet (1). Il a de cette manière sauvé plusieurs récoltes. Mais comme ce moyen exige un surcroît de travail, et cela dans un moment où tous les bras sont employés à la récolte du foin, du blé, etc., on est forcé de le négliger la plupart du temps. Il n'a même pas été, à cause de cette raison, généralement employé.

D'après son système de culture, M. Coke n'est plus incertain sur les récoltes de turneps. Il les regarde comme étant à l'abri des inconvéniens des saisons et des insectes. La preuve en est, que la récolte actuelle n'a nullement souffert

____

(1) Décrit et dessiné à la fin de cet ouvrage, où j'indique également le moyen de le poser.

d'une longue et continuelle sécheresse. Les insectes n'y ont causé aucun dommage sensible. On ne peut attribuer ce résultat qu'à la bonne disposition des terres lorsqu'on leur a confié les semences. Purgées des mauvaises herbes qui absorbent une partie de leurs facultés végétatives, les plantes légitimes se trouvent mieux nourries. Les graines placées et recouvertes aussitôt dans le sein d'une terre pure et meuble, comme disent les fermiers, germent et croissent rapidement ; les jeunes pousses étant très-vigoureuses, résistent facilement aux attaques des insectes.

En semant plus de graine que de coutume, M. Coke obtient une plus grande quantité de plantes. L'action destructive des insectes étant divisée sur un plus grand nombre, est moins nuisible à chaque ; le peu d'atteinte qu'ils y portent est bientôt réparé par une végétation active, qui fait succéder rapidement de nouvelles feuilles aux feuilles rongées. Celles-ci se dessèchent et tombent avec les insectes destructeurs. Le procédé d'ensemencer les graines immédiatement après le passage de la charrue, pendant que la terre est encore fraîche, les fait promptement germer et pousser, en entretenant une salutaire humidité autour des racines.

C'est sur les premières feuilles qui paraissent , sur le cotylédon encore chargé du principe saccharin que la germination des graines y a développé, que viennent s'attacher les insectes. Mais les secondes feuilles venant à paraître, les cotylédons cessent d'être nourris par la racine et meurent peu-à-peu, sans toutefois faire périr les vers qui s'y sont attachés. Cependant les deuxièmes et troisièmes feuilles n'étant plus chargées du principe sucré, ne les attirent pas autant que les cotylédons. Les insectes finissent par disparaître sans avoir fait beaucoup de mal. Alors la récolte est assurée.

Je vais, le plus brièvement possible, expliquer cette excellente méthode de cultiver les turneps.

La terre étant bien préparée et sur-tout bien purgée de mauvaises herbes, comme nous l'avons déjà dit, on passe la charrue sillonneuse à deux versoirs opposés. Elle est traînée par deux chevaux attelés de front, dont un, marchant dans le sillon précédent, guide et maintient l'instrument à une distance constante du premier ; de sorte qu'il suffit que le premier sillon soit droit, pour que tous les autres le soient également. Un tombereau à deux ou trois chevaux attelés de file, et dont la voie correspond aux sillons formés, de manière que les chevaux marchant dans le sillon du milieu, les roues se trouvent dans ceux de côté, apporte le compost, que deux hommes armés de fourches répandent le plus également possible dans le fond de deux sillons à-la-fois. Nous savons déjà que M. Coke en fait mettre quatorze tombereaux ou charretées par acre.

Ensuite une autre charrue, semblable à la précédente, passée au milieu des terres relevées par la première opération, les rejette de droite et de gauche, pour recouvrir l'engrais, et former immédiatement un autre sillon.

Un garçon de ferme, avec une mule ou un petit cheval, passe sur cette seconde opération un rouleau léger en fer fondu, ayant deux gorges larges et arrondies qui embrassent à-la-fois deux sillons. Une lame de fer maintenue sur le derrière de ce rouleau tangentiellement à sa surface, le débarrasse continuellement de la terre qui peut s'y attacher.

Un autre garçon avec le drille, que traîne également une mule ou un petit cheval, suit immédiatement le rouleau précédent, ouvre une petite rigole sur le milieu de la convexité du sillon en relief au-dessus du fumier, y dépose la semence, et une chaîne légère, attachée aux deux bouts de derrière du drille, tombant comme par hasard, recouvre la semence de terre dans les deux lignes du drille. L'ordre de ce travail est si bien établi, si bien proportionné, qu'aucun embarras ne vient troubler l'harmonie de cette opération. Les premiers sillons sont ouverts, les engrais amenés et enfouis, les graines semées et recouvertes en même temps, sur une étendue de 3 acres ou 4 arpens un huitième par jour, par le nombre d'hommes, de chevaux, de voitures, etc., que nous avons indiqués (1).

Ce n'est pas seulement dans la graine de turneps que M. Coke force la proportion ordinaire de semence, mais bien aussi dans le froment qu'il sème tout au drille. L'habitude est d'en répandre 10 picotins ou 2 boisseaux et demi par

____

(1) Cet instrument est gravé et décrit à la fin de cet ouvrage. J'ai vu en Angleterre des semoirs à bras produire le même effet. Ils ont la forme d'une brouette, sur les brancards de laquelle pose, dans le sens transversal, une caisse contenant la graine. Le mouvement de la roue se communiquant par un engrenage à un axe garni de brosses circulaires, qui règne dans l'intérieur de cette caisse, fait tomber régulièrement les graines à travers les ouvertures ménagées à cet effet, vis-à-vis les sillons restés ouverts. Une chaîne traînante les recouvre de terre comme dans le semoir à cheval ; mais, alors, on ne passe le rouleau qu'après. Un de ces semoirs à bras est déposé dans la grande galerie d'entrée du Conservatoire des arts.

acre; il en sème, lui, 16 picotins, c'est-à-dire ,
4 boisseaux quand la semaille a lieu en octobre,
et 5 si elle n'a lieu qu'en novembre.

En répaudant une aussi grande quantité de
graine, qui se trouve enfouie à une profondeur
beaucoup plus considérable que quand on la
projette à la main sur la surface de la terre , il
semblerait que le rechaussement dont l'objet
est de faire multiplier les tiges , deviendrait inutile dans le cas présent, puisque déjà elles doivent être très-nombreuses.

Ici s'élève une question qui mérite considération, savoir, si l'on n'obtiendrait pas un aussi
grand nombre d'épis de blé, en semant une
moindre quantité de grains, dont on rechaus-
serait les pousses à propos pour les faire multiplier. Le but serait le même, mais avec cette
différence que l'économie serait considérable
dans le dernier cas.

On ne peut s'attendre à voir la nature con-
former sa marche aux calculs qu'on fait sur le
papier; mais si les tiges directes et celles qui
viennent en se multipliant aux premiers nœuds
convenablement recouverts de terre, dépendent d'une loi fixe et invariable de la nature , il
doit revenir au même pour le résultat général,
que douze grains, par exemple, produisent

douze tiges, ou que six grains n'en produisent d'abord que six, mais qui ensuite, entourées de terre, se doublent.

Quelques expériences, telles que celles qu'on fait à Holkham, auraient bientôt décidé la question.

M. Coke est partisan des semences précoces; et comme nous avons déjà remarqué qu'au moyen du drille la semaille se fait promptement, et que d'ailleurs on ne perd point de temps au transport des engrais, tout se trouve terminé chez lui avant le mois de novembre. Il dit que sa récolte est toujours plus abondante lorsque les tiges du blé dans les sillons sont très-rapprochées. Il ne les trouve jamais assez épaisses tant qu'il peut passer le doigt entre, près de terre.

Il coupe son blé de très-bonne heure, lors même que l'épi et la tige sont encore verdâtres et que le grain n'est pas encore dur. Il prétend que le grain moissonné ainsi de bonne heure, est toujours le meilleur qu'il ait; qu'il y gagne 2 shellings par quarter, ou 8 boisseaux, sur celui qu'on récolte plus avancé. Il perd peut-être quelque chose sur la mesure, le grain étant un peu moins nourri; mais, si cela est, il en est amplement dédommagé, en ce qu'il n'éprouve pas l'inconvénient du versage, ce qui cause souvent une perte considérable, lorsque le grain est mûr et que le temps devient orageux.

Il se presse également de récolter l'avoine et les pois. Je lui faisais remarquer que ces deux sortes de graines n'étaient pas toutes mûres. Il me répondit qu'il perdrait plus par la chute des grains mûrs, qu'il ne gagnerait en attendant qu'ils le fussent tous ; et que la paille, dans le premier cas, conservant quelques grains non parvenus à maturité, était beaucoup plus profitable comme nourriture de bestiaux.

Afin de prouver combien il est utile de moissonner de bonne heure, M. Coke avait suspendu, dans sa propre chambre, quelques poignées d'épis encore verts. Quelques jours après il nous fit voir que les grains avaient mûri dans l'enveloppe. M. G. Hibbert, de Chapham, gentleman instruit en agriculture, était avec nous. Il m'a écrit depuis, que cette marche de la nature n'a rien d'extraordinaire, sur-tout lorsque les enveloppes sont remplies de sucs ; que tous les jardiniers habiles connaissent bien cela. Il me citait un exemple de ce qui lui était arrivé par rapport à une plante dont la semence avait une enveloppe qui n'était pas forte. James Niven était employé par lui à se procurer des semences de plantes dans le midi de l'Afrique. Il envoya un bel Erica, se plaignant dans sa lettre de n'avoir pu en trouver d'assez avancés pour envoyer en même temps du fruit. Mais M. Hibbert obtint de cette plante même, qui avait été cueillie pendant qu'elle était encore en fleur, des semences mûres, et qui ont produit des plantes en Angleterre. Quand Niven est revenu, on lui a montré la plante, et il a dit qu'elle avait dû faire des progrès considérables pendant la traversée du Cap de Bonne-Espérance ici, puisque la séve n'avait point perdu de sa force.

Le cours d'agriculture de M. Coke, c'est-à-dire la rotation de ses récoltes, est à-peu-près la même que dans tout le comté de Norfolk. Il y en a quatre ou cinq. La première année, ce sont les turneps ; la deuxième, l'orge, du trèfle ou de la luzerne, ou autres herbages ; la troisième, des pâturages, ou pour être coupés ou mangés sur place par le bétail ; la quatrième, du blé. Depuis quelques années, il a trouvé avantageux d'ensemencer une certaine quantité de terre avec de l'herbe de pied-de-coq (*dactylis glomerata*). Elle y reste deux ans, ce qui fait alors un cours de cinq ans.

Cette herbe n'est pas bonne à serrer comme foin pour l'hiver ; mais verte, c'est un excellent manger pour les moutons. L'été de 1816 fut à la vérité très-favorable pour toutes les herbes; mais je n'ai jamais vu de tapis vert plus beau que les terres où il y en avait de cette espèce. Coupée très-près de terre, elle s'étend beaucoup, multiplie ses tiges, et quand la saison est favorable pour la végétation, elle croît de plus d'un pouce en peu de jours. Les moutons en sont très-friands. M. Coke dit qu'il peut en nourrir avec cette espèce d'herbage plus qu'avec toute autre espèce de prairie artificielle.

La semence de cette herbe, qui est indigène, se recueille dans les bois ou sur les bords des chemins, par des femmes et des enfans qui coupent les tiges par le haut avec des ciseaux, à la longueur d'environ 6 pouces, c'est-à-dire, à un pouce et demi au-dessous du dernier éperon. On paie 3 pences ou 6 sous de France le boisseau de cette graine, mesurée comme du foin. Sept de ces boisseaux en donnent un de semence, qui revient par conséquent à un shelling 9 pences, ou 42 sous de France.

Il n'y a pas long-temps qu'on trouve à se procurer de cette graine chez les marchands, et même elle y est encore fort rare. J'ai observé à M. Coke que cette manière de la recueillir était bien incertaine. Cela ne lui était pas échappé, et il m'a dit qu'il avait l'intention d'en semer le long de ses haies, ce qui assurerait la récolte de la graine. On la recueillerait ainsi avec beaucoup moins de peine et à meilleur marché.

On a reconnu à Holkham que le sainfoin, quoique, dans un cours régulier d'agriculture, il ne puisse être cultivé comme les autres prairies artificielles, donne néanmoins une grande abondance de foin et un excellent pâturage d'automne.

La culture en a été introduite dans ce canton en l'année 1774 par M. Beck, qui occupait alors la ferme de Brent-Hill. Cet exemple fut bientôt suivi par M. Coke, qui n'a cessé de le cultiver à Holkham depuis quarante ans. Quelques-unes des meules de foin que j'y ai vues, étaient du sainfoin.

Ce fourrage réussit très-bien dans des terrains légers à fonds crayeux. La graine se sème ordinairement avec la gousse, 5 boisseaux par acre, en même temps que l'orge, après la récolte des navets. On sème en même temps 9 livres de graine de trèfle par acre. Le sainfoin étant dans sa gousse, il faut avoir soin de bien l'enterrer. Le trèfle se fauche déjà l'année suivante, et successivement toutes les autres années. Le sainfoin ne commence à donner de beaux produits qu'à la troisième et même qua‑trième année ; il continue à être bon jusqu'à la neuvième ; alors , devenant peu productif, on laboure la terre pour y recommencer un cours régulier d'agriculture. Le sainfoin est ra‑rement fumé. Un acre donne annuellement un tonneau et demi de foin pendant les cinq ou six années de vigueur (le tonneau pèse 2240 livres). Il ne sert jamais de pâturage le prin‑temps ; mais on y met, en automne, toute sorte de bétail, pour consommer le regain.

M. Coke est toujours disposé à essayer la culture des plantes nouvelles. C'est à lui qu'on doit l'introduction des navets de Suède, et il est le premier qui en ait semé assez pour subve‑nir aux besoins d'une ferme. J'ai eu le plaisir de voir chez lui une récolte de *mangel wur‑zel* (1) en bon état. Il m'a dit s'être procuré quel‑

---

(1) M'étant déjà déclaré le partisan du *mangel wurzel* (racine de disette ou betterave champêtre), j'ajouterai qu'à la réunion de la Société d'agriculture de Londres, le 7 oc‑tobre 1817, on montra quelques-unes de ces racines qui avaient donné 60 tonneaux par acre de produits. Le rap‑port qui fut fait à cette occasion, ajoute que M. Jenkins tira l'année dernière, pour le compte du gouvernement,

ques fèves d'Héligoland, qui promettent de grands produits, 60 boisseaux ou 15 coombs par acre. Mais je n'ai vu chez lui ni choux, ni chicorée, ni pimprenelle, ni panais.

Dans l'ouvrage de M. Blaikie dont j'ai déjà parlé, il donne le résultat de deux essais qu'il a faits pour planter des fèves dans des terres peu propres à cet objet.

Le premier essai avait eu lieu sur une terre qui avait été en friche pendant tout l'été, et le second, dans un champ de navets de Suède qu'on avait arrachés au mois de novembre. Ni l'un ni l'autre essai n'eurent de succès. On pensa que ce mauvais résultat venait de ce qu'on avait semé les fèves trop tard. On avait semé dans les mêmes terres de l'avoine de Pologne, qui produisit 12 coombs ou 48 boisseaux par acre.

Je n'ai pas eu l'occasion d'observer avec toute l'attention que cela méritait, les troupeaux de

---

dans 9 acres du parc du Régent, une récolte qui donna 600 livres sterling de profit net.

On m'a dit que cette racine est très-recherchée à Londres pour la nourriture des vaches : les feuilles, vers le commencement de novembre, et les racines durant le reste de l'année, leur fournissent une abondante nourriture.

M. Coke; mais ils sont très-beaux, très-estimés. Il ne réussit pas moins bien dans cette branche d'économie rurale que dans les autres.

Ses moutons sont tous *southdowns;* mais il m'a dit qu'il n'avait pas le mérite de les avoir choisis lui-même.

Il reçut, il y a quelques années, la visite de gentlemens du midi de l'Angleterre, qui trouvèrent très-défectueux ses Norfolk, qui composaient alors ses troupeaux. Ils lui dirent que les moutons de leur pays, les southdowns de Sussex étaient d'un bien plus grand produit, et convenaient à ses pâturages. Il en acheta cinq cents sur leur recommandation, et, voyant qu'ils répondaient parfaitement à ce qu'il en attendait, il se défit de ses Norfolk, et n'en a pas eu depuis d'autres que ses southdowns. Depuis, il a vu avec plaisir la préférence qu'il a donnée à cette espèce de mouton sur les Norfolk, justifiée par l'ouvrage de M. Cline, sur la formation et la constitution des animaux. Il y est dit que le signe caractéristique de la force et de la santé chez les animaux, est une poitrine large, afin que le jeu des poumons et les organes digestifs soient libres. Dans les moutons de Norfolk, le sternum se termine presque par une ligne; les côtes se resserrant trop,

diminuent considérablement la capacité intérieure. La poitrine du southdowns est bien plus
large; l'angle du sternum est bien moins aigu.

En me montrant son admirable laiterie, composée de vaches de North-Devon, il me fit remarquer qu'elles avaient la même supériorité
de conformation sur les vaches de Norfolk.

Lorsque M. Coke entra en possession d'Holkham, il y a quarante et quelques années,
cette terre ne rapportait que 2200 livres sterling; le produit seul de ses bois et de ses plantations s'élève maintenant à une somme plus
forte. Ayant eu le bon esprit de mettre 1500 acres
en plantations, la plus grande partie offre aujourd'hui des bois magnifiques, qui procurent
non-seulement beaucoup d'agrément, mais qui
ont encore considérablement adouci la tempé-
rature, en arrêtant le passage des vents froids,
si fréquens sur cette côte. Ils contribuent aussi
à fertiliser le sol par la chute annuelle des
feuilles. Dans ce moment, les coupes réglées du
bois de charpente, de perches et de taillis,
produisent environ 2700 livres par an. On fait
usage du bois de charpente et des perches pour
les bâtimens qu'il fait construire continuellement avec une grande dépense; car les maisons
de ses fermiers, ses chaumières, ses granges,

ses étables, ses bergeries, sont bien supérieures à tout ce qu'on voit dans ce genre. Le reste du bois se vend dans le voisinage.

J'ai traversé quelques plantations où les chênes et les châtaigniers d'Espagne sont déjà gros et d'une belle venue. Ils deviendront, avec le temps, la plus belle production de cette terre. Peut-être serviront-ils un jour à construire ces remparts flottans, destinés à protéger les rivages sur lesquels ils croissent.

Les sapins de toute espèce, d'Ecosse, du Nord, sont déjà assez forts pour servir aux constructions; et, ainsi que les chênes, ils ne feront que prendre de la valeur avec les années.

J'ai vu encore d'autres arbres dont M. Coke tire un bon parti, tels que le *salix cœrulea*, le saule français qui, à l'âge de six ans, peut servir à faire des lattes et remplacer, pour cet objet, le sapin étranger; le peuplier *monolifera*, le peuplier du Canada, croissent aussi avec une grande vigueur; et je sais par moi-même combien leur bois est utile. On y trouve également des merisiers dont le bois est très-propre aux constructions de meubles, quand il a quarante ou cinquante ans. Mais le plus beau et le plus utile de tous, est assurément le peuplier noir d'Italie, avec lequel on forme de belles avenues et on abrite les habitations.

Le système suivi par M. Coke pour affermer ses terres n'est pas moins propre à les améliorer que celui qu'il suit pour les cultiver. Un long bail et une rente modique ne sauraient manquer d'être très-avantageux tant au propriétaire qu'au fermier. Ce dernier est à même, par ce moyen, d'augmenter son mobilier et d'améliorer utilement pour lui sa culture, dont le propriétaire, un jour, doit profiter. Tous les fermiers de M. Coke s'enrichissent, et la valeur de sa propriété augmente d'une manière incroyable. Ses baux sont de vingt-un ans. Il en a déjà vu finir plusieurs, et quoiqu'il continue à affermer pour long-temps et à des prix modérés, son revenu est monté à la somme énorme de 20,000 livres sterling, augmentation de la valeur des terres qui est probablement sans exemple, excepté dans le voisinage des grandes villes, ou dans des pays très-peuplés et de manufactures.

Une de ses fermes que j'ai visitée, et sur laquelle j'ai remarqué une moisson très-abondante, est affermée 17 shellings l'acre, pour l'espace de vingt-un ans; et il n'y en a pas encore sept d'écoulés. Peut-on douter qu'à la fin

du bail, une terre si bien cultivée , si bien en-
graissée , débarrassée de toutes les mauvaises
herbes , possédant plusieurs acres de gazon
transplanté, ayant des clôtures en si bon état,
une maison si commode, qui peut douter, dis-
je , que 3o shellings par acre ne soient encore
un prix modéré ?

En renouvelant la plupart de ses baux, il a
gratifié ses fermiers d'une belle et commode
habitation. Ces maisons, en procurant aux fermiers et à leurs familles des agrémens et la
santé, contribuent encore à donner au pays
un aspect riant et de richesse. On a cependant
trouvé à redire à cela , et moi-même, il m'a
semblé extraordinaire de voir de si belles habitations occupées par des fermiers. Mais, en y
réfléchissant, j'ai dû changer d'avis et ne voir
en cela que son intérêt habilement combiné
avec la libéralité dont il use envers les gens qui
dépendent de lui.

La plupart de ces maisons ont été bâties à la
fin de ses longs baux , et c'est avec l'augmentation du revenu qu'il a fait face à ces dépenses.
Il est probable qu'un fermier qui consent à renouveler un bail à un taux beaucoup plus élevé
que l'ancien , a dû s'enrichir pendant la durée
de ce dernier. La fortune qu'il a acquise lui

donnant un rang plus élevé dans la société, et le moyen de monter sa maison sur un pied plus respectable, la générosité du propriétaire ne saurait se montrer plus agréablement pour lui.

Mais indépendamment de cette circonstance qu'on pourrait peut-être considérer comme trop personnelle et ne pas être applicable à de nouveaux fermiers, l'amélioration seule de la terre, l'augmentation des produits, le nouveau système de culture plus étendu que l'ancien, tout enfin réclame une maison plus belle, plus vaste, des communs plus nombreux.

L'arrosement, est, sans contredit, une des plus grandes et des plus utiles améliorations que M. Coke ait adoptées ; mais il ne peut avoir lieu que dans des positions particulières, et même en y employant quelquefois des capitaux considérables. Peu de terres, à Holkham, sont susceptibles d'être arrosées ; cependant on y est parvenu avec beaucoup de bonheur à l'égard d'un pré situé non loin de la maison de Longlands, principale ferme de cette exploitation, dans un lieu assez élevé. La source se trouve dans un grand étang creusé d'abord uniquement pour les besoins de la ferme. Le produit de cette source et les eaux pluviales que le terrain environnant y amène, l'entretiennent plein, et alors, par des canaux de dérivation, on conduit l'eau dans le pré dont nous avons parlé, qui se trouve au-dessous du niveau de l'étang. Malheureusement l'eau n'y est pas toujours assez abondante pour produire un arrosement constant.

Dans une autre ferme de M. Coke, à Lexham, j'ai vu un autre exemple d'arrosement, mais beaucoup plus complet. Un petit ruisseau, traversant une vallée de prairie, a donné le moyen d'établir, dans la partie supérieure, à l'aide d'une digue assez élevée, un vaste réservoir. Celui-ci est tellement au-dessus des terres environnantes, qu'on a pu conduire des filets d'eau dirigés sur divers points, et arrosant de cette manière une grande étendue de terrain, auquel il donne un principe de fertilisation étonnant. On avance ainsi l'époque ordinaire de la poussé des herbes. Elles croissent bien plus vigoureusement pendant l'été ; de sorte qu'on a, dans cet endroit, des pâturages de meilleure heure et plus abondans que dans les environs. L'herbe qui paraît la première au printemps, dans les prés arrosés, est la *festuca fluitans* dont on voit flotter sur l'eau les longues et larges feuilles. Le bétail est très – friand de cette herbe. On l'y voit courir avec un grand empressement dès qu'on le met dans ces prés.

Les travaux d'irrigation dont nous venons de parler, ont été exécutés d'après les plans et sous la direction de M. Smith, ingénieur et célèbre géologiste. Ils ont occasionné une dépense assez considérable; mais M. Beck, fermier actuel de Lexham, auquel M. Coke a accordé un long bail, et fait construire une très-jolie maison, sur une hauteur, dans un beau point de vue, y a contribué pour moitié.

Dans un second voyage que j'ai fait à Holkham, au mois de juillet 1818, j'ai continué mes observations sur le système d'agriculture de M. Coke. J'ai, pour la première fois, assisté à cette réunion solennelle et mémorable, qui, sans interruption, se renouvelle à pareille époque depuis quarante-deux ans, réunions qui ont tant influé sur les progrès de l'agriculture dans ce canton, par les récompenses et les encouragemens qu'on y accorde à tous les genres de produits agricoles.

Ce fut le 6 juillet que commença cette réunion; elle n'avait jamais été plus brillante, ni plus intéressante. J'aurais de la peine à exprimer les impressions variées d'admiration et de contentement que j'ai ressenties pendant les trois jours qu'elle dura, et à rendre compte des choses que j'y ai vues, si je n'avais, pour m'aider, les articles publiés dans les journaux à cette occasion, par des écrivains venus exprès de Londres à Holkham.

Le matin du premier jour, nous allâmes visiter une machine à faner qui était en activité. Traînée par un cheval vigoureux, elle éparpille avec une grande vitesse, pour le faire sécher, le foin répandu sur le pré qu'on vient de faucher. En pays de plaine, elle peut remplacer beaucoup de bras et faire un travail fatigant pour les hommes, puisqu'ils ne peuvent l'exécuter qu'étant exposés à l'ardeur du soleil. (*Voyez* pl. II, fig. 5 (1).

On se rendit ensuite à Longlands, ferme principale de M. Coke, pour y voir les autres instrumens d'agriculture, la tonte des moutons, et les prix destinés aux vainqueurs. Nous y trouvâmes réunies plusieurs centaines de personnes, dont quelques-unes étaient venues en voiture, et le plus grand nombre à cheval. M. Coke se mit à leur tête avec un air de

---

(1) Une de ces machines est déposée dans la grande galerie du Conservatoire des Arts. Elle est décrite et gravée dans la troisième livraison des instrumens d'agriculture de M. Leblanc, ainsi qu'à la fin de cet ouvrage.

triomphe et de contentement qui se communi-
qua bien vite à sa nombreuse et brillante suite.
C'est ainsi qu'on s'achemina vers les nouveaux
instrumens dont on voulait voir le travail.

Nous vîmes successivement fonctionner la
houe à cheval renversée, le tormentor ou herse
ouvrante dont l'objet est d'arracher et de détruire les mauvaises herbes entre les rangées ;
le drille à répandre les engrais en poudre, en
même temps que les graines; le drille simple,
mais à houes plates; la charrue perfectionnée
par M. Frost de Saham, pour ensemencer les
pommes de terre; la houe à cheval ou sillonneuse
légère, pour nettoyer et buter les pommes de
terre (1); un instrument particulier pour arracher les pommes de terre ; mais ayant été mis
en concurrence pour cet objet avec la houe à
cheval renversée, ce dernier instrument a été
définitivement adopté, en le ramenant toutefois
à une dimension convenable, afin de le rendre
plus léger.

C'est à M. Frost de Saham qu'on doit l'invention du drille à socs larges de 2 pouces qui cependant, pour s'enfoncer dans la terre, n'exigent

____

(1) *Voyez* la description et le plan de tous ces instrumens, à la fin de cet ouvrage, fig. 10 et suivantes.

aucune pression. Les sillons qu'ils tracent ayant au fond 2 pouces de large, la semence et l'engrais répandus en même temps sur une surface plus grande que quand le sillon n'était tracé que par une pointe, on obtient un résultat bien plus avantageux.

Les drilles ordinaires, pour bien aller, exigeaient toujours de la part de ceux qui les conduisaient, des soins et des attentions continuels ; c'est une chose sur laquelle on ne pouvait guère compter. Celui de M. Frost n'exige point cette continuelle attention de la part du travailleur. Les entonnoirs qui reçoivent les semences étant de plusieurs pièces, posées les unes dans les autres, et suspendues par des chaînes qui les laissent libres de conserver toujours la verticale, quelles que soient les variations du terrain, ces entonnoirs, dis-je, conduisent infailliblement les graines dans les sillons formés pour les recevoir.

Afin de pouvoir varier la quantité de semence d'une manière exacte, il a substitué aux cylindres gravés, des petites cuillers en fonte de fer, dont les tiges, d'environ 2 pouces de long et garnies d'un patin, se fixent aisément au moyen de vis à bois sur le noyau du cylindre ; de sorte qu'on peut, sans rien déranger dans le drílle, augmenter ou diminuer le nombre des cuillers qui puisent dans les auges les semences pour les verser ensuite dans les entonnoirs dont nous avons parlé tout-à-l'heure, et augmenter et diminuer par conséquent à volonté la quantité de semences.

Mais, sans s'assujettir à ce placement et déplacement des cuillers sur le même noyau de cylindre, on peut avoir plusieurs de ceux-ci, qui en sont garnis d'une plus ou moins grande quantité, tant pour les graines que pour les engrais, et dont on se sert suivant que l'expérience l'a fait connaître comme le plus avantageux.

Les drilles ordinaires ne font dans les terres fortes, compactes et humides, que des sillons angulaires et inégaux. C'est probablement pour cette raison qu'on en fait encore si peu d'usage. Rien cependant n'empêche d'y adapter des socs qui ouvriraient, dans ces sortes de terres, des sillons aussi larges et aussi réguliers que dans des terres sèches et légères.

La forme des socs dans les drilles mérite une attention particulière, puisqu'il est reconnu que la forme des sillons pratiqués pour recevoir la semence, n'est pas indifférente au succès de l'opération. C'est pour cela que j'insiste sur cet objet. Le drille ordinaire n'agissant que par prèstion et en refoulant en quelque sorte la terre, n'ouvre qu'un sillon angulaire et irrégulier, peu propre à recevoir la graine, sur-tout s'il s'agit d'une terre humide et forte, comme nous l'avons déjà dit, tandis que le nouveau drille de M. Frost forme, dans n'importe quelle espèce de terre, un sillon large de deux pouces parfaitement régulier, dans le fond duquel, au lieu de s'entasser comme dans le premier cas, la graine se répand uniformément. On voit donc du premier coup d'œil la supériorité du soc de M. Frost, sur l'ancien. M. Coke l'a généralement adopté, non-seulement pour ses semoirs, mais encore pour les extirpateurs de mauvaises herbes. Son effet est beaucoup plus efficace que celui du *scarificateur* ordinaire, en ce que, coupant la terre à une plus grande profondeur et passant sous les racines, il les détruit et les arrache complétement.

Le drille de M. Frost paraît donc mériter l'attention des fermiers, mais sur-tout de ceux dont les terres sont fortes, humides et argileuses.

Après cet examen des machines, la Société revint assister à la tonte des moutons qui s'opérait dans une vaste grange de la ferme de Longlands. C'était un spectacle curieux pour ceux qui, comme moi, n'avaient jamais vu faire cette opération en grand. On ne peut qu'admirer la promptitude avec laquelle l'animal est dépouillé, sans que ni lui, ni sa toison, en souffrent, et la manière propre et uniforme avec laquelle toutes ces toisons sont recueillies et portées au magasin qui leur est destiné.

On remarqua le moyen ingénieux que les dispositions du local ont permis à M. Coke d'employer pour avoir, dans la principale cour de cette ferme, un abreuvoir toujours plein d'eau pure, qui se trouve sous un abri particulier, à la portée de tous les animaux. L'étang dont nous avons déjà parlé, se trouvant derrière les bâtimens de cette ferme, un peu au-dessus du niveau de la cour de l'abreuvoir, il a établi entre l'un et l'autre une communication souterraine qui, passant sous les écuries et autres bâtimens, maintient l'eau de l'abreuvoir au même niveau que celle de l'étang. (*Voyez* planche 1, fig. 3.)

M. Coke fit voir à la Société un champ voisin qui avait été ensemencé sans engrais ordinaires, et dont le blé était néanmoins très-beau. On avait au printemps répandu avec le drille, entre les lignes du blé, de la poudre de gâteau d'huile, à raison d'un tonneau pour 6 acres. Cette méthode, que M. Hart de Billingford a pratiquée le premier, réussit mieux que de répandre cet engrais avec la semence en automne. La dépense, qui n'est que de 3o shellings par acre, est aussi moindre que quand on emploie les engrais ordinaires. On ne prétend pas pour cela qu'il ne faille pas faire usage de ces derniers, mais on veut prouver qu'il est plus d'un moyen d'obtenir les mêmes résultats et avec plus d'économie.

De là on se rendit à la ferme de M. Denny Degmere, remarquant sur le passage une grande variété de culture et l'état prospère de toutes les terres. La ferme de M. Denny est belle et admirablement bien cultivée ; elle fait honneur en même temps au propriétaire et au fermier. Après avoir pris quelques rafraîchissemens que celui-ci avait préparés, la Société visita une maison vaste et commode que M. Coke lui a fait bâtir depuis peu ; et ensuite, en faisant un circuit, elle alla voir les fermes de Quarles et de Brenthill qui, malgré l'aridité de la saison, feront de très-belles récoltes en blé. Le bétail de Devon ne paraissait pas avoir, en aucune manière, souffert de la sécheresse. Il a sur les autres espèces l'avantage de se soutenir lors même que les pâturages ne sont pas abondans. Les moutons southdowns semblent s'améliorer encore tous les jours par les soins particuliers qu'on leur donne.

Après ces diverses courses, nous rentrâmes au château pour le dîner, auquel se trouvaient trois cents personnes des plus remarquables du pays de Norfolk, de Suffolk et environs, connues par leur amour pour l'agriculture, et que M. Coke invite ordinairement à ces fêtes. Parmi les plus distinguées se trouvaient le duc de Norfolk, le comte de Surrey, d'Albemarle, lord Erskine et son fils, lord W. Bentick, etc. M. Coke proposa la santé de lord Erskine qui, dans une conversation qu'il avait eue le matin avec lui, s'était déclaré grand partisan des mérinos. « Je » désire, ajouta M. Coke, vous entendre encore » plaider leur cause; mais quant à moi, je vous » dirai que je n'ai pas encore trouvé une bonne » carcasse sous 10 ou 12 livres de ces laines fines » et serrées, et depuis long-temps je suis per- » suadé que les bonnes carcasses, jointes aux » belles toisons que nous trouvons tout-à-la-fois » dans nos Southdowns, les rendront, pour » nous, toujours supérieurs aux mérinos. Ces » derniers, quoi qu'on fasse, auront toujours le » dos étroit comme des lapins. Ces défauts ne » paraissent pas susceptibles d'être corrigés. Je » sais que tout le monde ne pense pas à leur » égard comme moi; je connais des gens de » mérite qui plaident fortement pour eux; je

» suis persuadé qu'ils le font avec les meilleures
» intentions; je leur souhaite toute sorte de
» succès, mais je ne leur porte point envie.
» L'expérience est mon guide, et toujours je me
» suis empressé de chasser l'erreur quand je la
» découvre : qu'on me prouve que je me suis
» trompé, et j'en conviendrai. »

Lord Erskine, en répondant à M. Coke, éluda
la question des mérinos, en s'excusant sur le
besoin qu'il avait encore d'expérience en agriculture pour traiter convenablement cette grande
thèse (1).

Au sortir du dîner, la Société se rendit dans la
cour où étaient réunis le bétail et les Southdowns
qui devaient concourir pour les prix. On vendit
plusieurs de ces derniers qui appartenaient à
M. Coke, jusqu'à 20 et 27 livres sterling le lot
de dix.

On mit aussi en vente une grande quantité de
bœufs et de génisses de Devon, appartenant la
plupart à M. Ward de Devonshire, à MM. Cole-
man et Tompson. Ce bétail n'obtint pas l'at-

____

(1) Ici l'auteur rapporte un grand nombre de santés
portées et rendues, de discours tenus à cette occasion.
Tout cela peut être fort intéressant pour le pays, mais ne
serait pour nous que d'un médiocre intérêt.

tention qu'il méritait, à cause de la rareté des pâturages. Il y en eut cependant de vendus 14 et 20 livres sterling par tête.

Le matin du second jour, toute la nombreuse Société s'étant réunie dans un des salons du château, alla commencer la journée par l'examen des mérinos élevés par M. Styleman esq. Tout le monde fut forcé de convenir, et M. Coke lui-même, qu'on n'en avait vu jamais d'aussi beaux. Lord Erskine en témoigna une grande joie.

Ce même M. Styleman avait amené un drille double, c'est-à-dire pour semer les graines et l'engrais en même temps. M. Paul fit voir des piéges à rats et à mouches d'une construction particulière.

Nous montâmes ensuite à cheval et nous allâmes visiter une pièce de terre qui avait été inoculée et dont les interstices étaient semés en blé. La récolte était belle pour la saison, et le gazon était très-avancé. Nous allâmes ensuite voir l'endroit où le gazon avait été enlevé. M. Coke voulut bien expliquer les avantages de ce procédé; avantages que nous avons déjà fait remarquer au commencement de cet ouvrage, mais qui le seront plus spécialement dans l'article concernant cet objet. Les moutons destinés à concourir pour les prix étant réunis dans une basse-cour près de là, où les inspecteurs et les juges étaient occupés à les visiter, nous descendîmes de cheval pour assister à ce spectacle. Nous eûmes la satisfaction de voir les plus beaux southdowns qui eussent encore paru au concours d'Holkham, et probablement ailleurs.

La promenade de cette matinée fut agréable et sur-tout instructive. Nous pûmes voir tout-à-la-fois semer et houer des navets en sillons réguliers. La dernière opération est admirablement faite par la houe à cheval renversée, qui a été perfectionnée à Holkham. Elle peut, à volonté, travailler un, deux, trois sillons à-la-fois, aussi bien dans du blé semé à 9 pouces de distance, que pour des pois, des fèves, des navets semés à 18 ou 27 pouces. Nous avons vu que cette dernière distance est celle que M. Coke a adoptée, mais il convient qu'on peut la réduire à 18 pouces lorsqu'on sème sur terrain uni.

Le premier champ où M. Coke nous conduisit, était cultivé en sillons. Il faut dire ici que l'extrême sécheresse avait rendu la vue de ces champs peu agréable. Il n'y avait guère de vivant sur ces terres, que les rangées de navets, de sorte qu'on ne remarquait presque pas de différence entre la partie qu'on venait de houer et celle qui ne l'était pas encore. Mais, d'un autre

côté, on fut pleinement convaincu que la méthode de M. Coke, de semer par sillons, assure
les récoltes contre les sécheresses; car les navets étaient beaux et avancés. Deux instrumens
étaient en activité; l'un ne houait qu'un rang, et
l'autre trois, ayant 27 pouces de largeur. Le
premier de ces instrumens est une espèce de
herse ployante en forme de V, dont l'angle peut
s'ouvrir ou se fermer à volonté, suivant la largeur des sillons. Le deuxième est construit dif-
féremment, mais toujours avec la faculté de
pouvoir éloigner ou rapprocher les fers, en raison de l'écartement des sillons. (*Voyez* le plan
et la description, à la suite de cet ouvrage.)

La Société se rendit ensuite à la grange où
était réuni le bétail qui devait disputer les prix.
On n'en avait jamais tant vu, ni de si beau. Il
s'y trouvait quelques bêtes du pays, mais la majeure partie était de la race de Devon. Parmi les
concurrens de cette dernière espèce, se trouvaient les élèves de MM. Blomfield, Oakes,
Moore, etc.

M. Coke expliqua la forme et l'utilité d'une
machine dont il se sert pour écraser et pulvériser divers engrais, tels que les gâteaux d'huile,
les écailles d'huîtres, les fientes desséchées, les
os même. Elle est mue à bras d'homme. Le

travail s'y fait en deux fois. Le premier broie la substance grossièrement, et le second la réduit en poudre. Elle est alors criblée par un petit garçon, qui rejette dans la trémie de la machine les parties qui ne se trouvent pas suffisamment pulvérisées. Le voisinage de la mer et le petit port de Wells qui ne sont qu'à deux ou trois milles d'Holkham, fournissent à M. Coke autant d'écailles d'huîtres qu'il veut et à bon marché, dont il fait un excellent engrais. (*Voyez* le plan et la description de cette machine, à la suite de cet ouvrage.)

Cette explication terminée, nous nous rendîmes à la ferme de Longlands où l'on continuait la tonte des moutons. M. Coke nous montra auprès de la maison, une pièce qu'il avait fait inoculer et semer en même temps. Le reproche qu'on fait à la méthode d'inoculer, est que la terre ne produit rien pendant un an. C'est pour remédier à cet inconvénient qu'il a essayé, dans divers endroits, de semer dans les interstices du blé, des fèves, de l'avoine. La pièce qu'il nous montra avait été ensemencée avec cette dernière espèce de graine, et avait produit seize combes et un boisseau d'avoine par acre. Le gazon, qui n'avait pas encore un an, ressemblait à un ancien pâturage qui aurait été un peu gâté par l'hiver.

Bien que la méthode ordinaire d'inoculer laisse la terre pendant la première année sans rien produire, on atteint néanmoins plus tôt son but en ne s'écartant point de ce qui a été et sera encore dit à ce sujet; mais alors on a soin de répandre de l'engrais dans les interstices en même temps que les graines de luzerne, de trèfle blanc et rouge, etc. En regagnant Holkham, nous nous arrêtâmes auprès d'un champ qu'on ensemençait de navets communs sur terre unie, par rangées de 18 p. en 18 p. On répandait en même temps pour engrais de la poudre de gâteau d'huile et du fumier court préparé comme on le verra plus tard. Cette méthode de fumer les terres a produit pour M. Coke une économie pour cette année de 5oo livres sterling.

Au dîner, où il y avait plus de six cents personnes, M. Coke porta la santé du lord Lynedock, et en prit occasion de faire quelques réflexions sur l'agriculture écossaise. On avait dit qu'il y trouvait de grands défauts. « J'y en ai » trouvé sans doute, dit-il, mais je lui ai donné » aussi des louanges. N'est-il pas nécessaire de » signaler les défauts, si l'on veut y remédier? » J'ai applaudi de tout mon pouvoir à la ma» nière dont on y cultive les navets de Suède. Si » jamais j'avais chancelé dans mon opinion, j'au-

» rais été convaincu de la supériorité du sys-
» tème des sillons alignés, parce que j'en ai vu en
» Écosse ; et je crois devoir déclarer que je re-
» garde ce système de culture, pour ce genre de
» produit, non-seulement comme le meilleur
» pour avoir d'abondantes récoltes, mais comme
» le seul qui puisse en garantir le succès. Nous
» en avons la preuve cette année. Malgré une
» longue sécheresse, les navets sont beaux et
» avancés. Je félicite mes voisins d'avoir adopté
» ce système, et nous devons des remercîmens
» à M. Blaikie auquel nous en sommes redeva-
» bles. Ce que j'ai blâmé en Écosse, c'est que la
» terre, après la récolte des navets, n'est pas aussi
» propre, aussi purgée de mauvaises herbes,
» qu'elle devrait l'être. J'en fais la remarque pour
» que les fermiers écossais, si soigneux d'ailleurs,
» apportent plus d'attention à nettoyer les ter-
» rains destinés à la culture des turneps. Mais je
» reconnais qu'il existe dans le nord une herbe
» fort incommode, qui semble être particulière à
» l'Écosse, et dont la racine, qui est un petit
» ognon, est très-difficile à détruire. Elle pousse
» en si grande quantité dans les champs avant
» que le blé soit semé, qu'il y a souvent à crain-
» dre que les tiges de cette herbe, s'enlaçant dans
» celles du blé, n'empêchent celles-ci de s'élever

» et de mûrir. J'ai été convaincu de cette vérité
» dans une visite que j'ai faite à une ferme de
» lord Lynedock, qui a transporté en Écosse le
» procédé de l'inoculation des pâturages, procé-
» dé qui reçoit par-là une pleine confirmation. »

Lord Lynedock ayant remercié M. Coke dans les termes les plus convenables, l'engagea à renouveler sa visite en Écosse, et à leur apporter le fruit de son expérience.

M. Coke dirigea la conversation sur le gypse ou le plâtre pulvérisé, considéré comme engrais. Il remarqua que depuis long-temps on en faisait un grand usage en France et en Amérique. Il pria M. Holdich, qui a voyagé dans cette dernière partie du monde, de faire part à la Société de ce qu'il pouvait avoir observé à ce sujet. M. Holdich rapporta qu'un bâtiment revenant de France en Amérique, il y a environ vingt ans, avait chargé, probablement comme lest, une quantité assez considérable de gypse, sulfate de chaux, qui fut charrié à 5o milles dans les terres pour servir d'engrais. Après la guerre, l'usage pour cet objet en est venu si commun, qu'on a construit des moulins à vent pour le réduire en poudre, par le moyen de meules verticales, comme pour broyer du chènevis, ou autres graines oléagineuses ; qu'on s'en trouvait fort bien, sur-tout pour les terres faibles, épuisées, auxquelles il rend de l'énergie.

M. Coke annonça qu'il en ferait l'expérience au printemps prochain, mais qu'il craignait, et c'est la raison qui l'a empêché jusqu'à ce jour de faire usage de cet engrais, que le voisinage de la mer ne fût un obstacle à son succès. Lord Erskine appuya cette dernière observation, et ajouta qu'en Amérique cela ne réussissait pas sur les bords de la mer.

M. Styleman plaida la cause des mérinos et assura que cette race, malgré la prévention qui existe aujourd'hui contre elle, deviendrait précieuse, si on voulait lui donner quelques soins.

M. Coke voulant rendre la discussion de plus en plus intéressante, pria l'assemblée d'émettre son opinion sur un fait que Sir John Sinclair a avancé, et qui tendrait à prouver que la culture à plat est plus avantageuse que la culture en sillons alignés. M. Gregg, prenant la parole, dit qu'il cultivait par rayons ses terres depuis trente ans, et qu'il ne les avait jamais ensemencées autrement qu'avec le drille; que son intention était bien certainement de continuer de même; qu'il pratiquait cette méthode depuis assez long-temps pour en avoir découvert les inconvéniens s'il y en avait; qu'elle était généralement adoptée en Hertfordshire ; que quiconque avait lu le code d'agriculture et pouvait apprécier le système du drillage, devait faire peu d'attention à tout ce qu'en disaient les antagonistes. D'ailleurs, l'expérience est là pour répondre. On ne peut douter qu'étant mieux connu, il ne soit généralement adopté.

Après plusieurs autres discours aussi importans et des échanges de complimens, la Société se rendit au parc des brebis et des beliers dont on vendit plusieurs lots. Les tondeurs étaient occupés à dépouiller de leurs toisons ceux qui devaient être présentés ainsi dépouillés, au concours. Nous revîmes dans ce même endroit la houe à cheval de M. Mann, la charrue à deux versoirs mobiles du Northumberland, le moulin à broyer les engrais, plusieurs sortes de semoirs et autres instrumens.

Le troisième et dernier jour, on vit dans le parc une réunion de charrues qui devaient concourir pour les prix. Chacune était attelée de deux bœufs et avait son conducteur. Le signal de commencer ayant été donné par M. Coke, chacun se mit au travail avec ardeur. Il y en avait huit qui disputaient le prix, mais deux furent obligées d'y renoncer, à cause de la dureté du sol. Après deux heures de travail, la charrue de M. Coke de Greenwich ayant labouré le plus d'espace sans avoir exigé plus de force de la part des animaux, elle fut proclamée comme étant la meilleure, et remporta le premier prix; elle l'avait déjà obtenu il y a deux ans. (*Voyez* pl. 5.)

Les charrues faites par le serrurier de M. Coke d'Holkham furent ensuite regardées comme les mieux construites; elles obtinrent le second prix.

On pesa les carcasses de différens moutons qu'on avait tondus et égorgés. La plus forte se trouva être celle d'un southdown ; elle pesait 9 st. 11 liv., dont 9 liv. de fressure, 1 st. 1 liv. et demie de suif et 10 liv. un quart de peau. La plus petite pesait 6 st. 5 liv., dont 8 liv. de fressure, 1 strike de suif, et 7 liv. la peau. Ce dernier était un norfolk (1).

M. Styleman eut la complaisance de fournir la carcasse d'un de ses plus beaux mérinos; elle pesait 4 st. 7 liv., dont 8 liv. et demie de fressure, 10 liv. de suif et 8 liv. de peau.

Au dîner, où il se trouva quatre cents personnes, toutes placées aux tables dressées dans les différentes pièces du château, on porta,

---

(1) Stone, poids de 12 liv. à Hereford, mais seulement de 8 liv. à Londres. Ici il faut entendre qu'il est de 12 liv.

comme à l'ordinaire, des santés à la constitution, au roi, à l'évêque et au clergé du dio-
cèse, aux personnes les plus remarquables de
cette assemblée. Les discours, la plupart du
temps, roulèrent sur l'agriculture. M. Coke dit
qu'il espérait quelque changement dans les lois
qui règlent l'usage du sel; car les restrictions
sont si nombreuses et si sévères, que personne
ne peut songer à s'en servir dans l'économie
agricole. L'utilité du sel comme engrais n'est
pas reconnue, mais tout le monde sait qu'il est
extrêmement salutaire aux bestiaux.

Après le dîner, on procéda à la distribution
des prix dans l'ordre suivant :

Ire. CLASSE. — *Moutons southdown.*

Ier. PRIX. A M. Reeve de Wighton, une pièce d'argenterie de vaisselle plate, de la valeur de 10 guinées,
pour le plus beau mouton de race southdown, avec sa
toison.

IIe. PRIX. Au même une pièce d'argenterie de vaisselle
plate de la valeur de 10 guinées, pour le plus beau bélier
de cette même race, mais né dans le pays de Norfolk.

IIIe. PRIX. A M. Wright, une pièce en argent de vaisselle plate, de la valeur de 10 guinées, pour le plus beau
mouton du pays de Norfolk.

IVe. PRIX. A M. Hill de Waterden, une pièce en argent de vaisselle plate, de la valeur de 10 guinées, pour la plus belle laine du pays de Norfolk.

Les juges étaient MM. Champion, Amys et Stedman.

IIe. CLASSE. — *Bétail de Devonshire.*

Ier. Prix. A M. Oakes, pour le plus beau bœuf de Devon, une pièce d'argenterie de la valeur de 10 guinées.

IIe. Prix. A M. Blomfield, pour le plus beau bœuf de deux ans, une pièce d'argenterie de la valeur de 10 guinées.

IIIe. Prix. A M. Denny, pour la plus belle genisse de deux ans, née dans le pays de Norfolk, une pièce d'argenterie de la valeur de 10 guinées.

IVe. Prix. A M. ***, pour le plus beau taureau de deux ans, né dans le pays de Norfolk, une pièce d'argenterie de la valeur de 10 guinées.

Les juges étaient MM. Blount, Creansey et Harvey.

IIIe. CLASSE. — *Cochons.*

Ier. Prix. A M. Overman, pour le plus beau verrat, une pièce d'argenterie de la valeur de 6 guinées.

IIe. Prix. A M. Taylor, pour le plus beau cochon, une pièce d'argenterie de la valeur de 4 guinées.

Les juges étaient MM. Abbot, John Amys et Gregg.

IVe. CLASSE. — *Pour la conversion des terres labourables en pâturages, par la méthode appelée inoculation.*

PRIX : Une pièce d'argenterie de la valeur de 20 guinées. (Ce prix n'a pas été distribué.)

Les juges étaient MM. Henri Blyth et John Oakes.

V^e. CLASSE. — *Instrumens de labourage.*

PRIX : Une pièce d'argenterie de la valeur de 10 guinées. (Ce prix n'a pas été remporté.)

Les juges étaient MM. Abbot, Gibbert et Bullock.

VIe. CLASSE. — *Bergers.*

Ier. PRIX :	5 guinées.		Distribués aux quatre bergers
IIe. —	4		les plus intelligens et les plus
IIIe. —	3		assidus, sur le certificat des inspecteurs des bergers, MM. Thomas Leeds et Francis Blaikie.
IVe. —	2		

VIIe. CLASSE. — *Pour le labourage avec des bœufs de Devon.*

Ier. PRIX :	10 guinées.		Six prix ou récompenses accordés aux 6 garçons laboureurs
IIe. —	5		reconnus comme les plus intelligens et les plus assidus à leur travail.
IIIe. —	4		
IVe. —	3		
V^e. —	2		
VIe. —	1		

Les juges étaient MM. John Oakes, Harvey et Taylor.

M. Coke, après cette distribution, a fait remarquer que M. Reeve ayant obtenu le premier prix, il était tout naturel de voir ses fermiers en remporter également plusieurs. Il ajouta que le prix qu'il avait encore à distribuer était pour l'inoculation des pâturages, introduite d'abord par M. Blomfield, et pratiquée ensuite par d'autres cultivateurs. M. Coke ajouta qu'il s'estimait heureux et regardait comme son devoir de reconnaître les obligations qu'il avait à ses fermiers. Il condamna en termes non équivoques, ce système de ligne de démarcation, qu'on voudrait introduire entre les hommes qui ont les mêmes vues, le bien public. Il se déclara partisan des baux à long terme, et affirma que, s'il était fermier lui-même, il se garderait bien d'exploiter une ferme, quelque recommandable qu'en fût le propriétaire, sans être assuré d'un long bail. Il renouvela ses regrets de ce qu'il n'y avait rien d'assez bien, en fait d'inoculation, pour mériter le prix. Il engagea toutefois les concurrens à ne point se décourager, et pour prouver le cas qu'il faisait de ce procédé, il pria M. Blomfield, inventeur de cette méthode, d'accepter une pièce d'argenterie à titre de prix.

M. Coke proclama ensuite les prix qui seraient distribués en 1819. Cette liste étant, à peu de chose près, la même que celle de 1818, je ne la donne point. On y ajouta seulement que les chevaux entreraient en concurrence avec les bœufs, pour le labourage.

Le reste de la journée se passa en conversations. M. Coke fit observer que cette réunion annuelle avait lieu depuis quarante-deux ans. Jamais il ne s'y était trouvé tant de monde que cette année, ce qui est une preuve que les motifs qui l'ont fait établir, sont appréciés par ses voisins, et que le résultat en est avantageux pour le pays. Il ajouta qu'il avait la confiance qu'elle serait encore plus nombreuse à l'avenir, et qu'il aurait l'avantage de recevoir tous ceux qui désireraient voir la culture des terres se faire en communauté d'intérêt entre le propriétaire et le fermier. A la naissance de cette institution, la terre d'Holkham était si pauvre, si stérile, que la plus grande partie ne valait pas 5 shellings l'acre. « Je commençai, dit-il, par faire l'essai des moutons de Leicester ; mais d'après les avis de M. Elleman de Sussex, j'adoptai les moutons Southdown, et je ne balance pas d'attribuer à cette excellente race les progrès de l'agriculture dans le pays de Norfolk. Je regarde comme

indispensable d'agrandir les fermes sur lesquelles on élève des troupeaux; mais cet agran-
dissement doit être fait avec goût, avec habileté,
sans parcimonie. L'augmentation des troupeaux
accroît le produit des terres de toute espèce, et
dédommage très-promptement le propriétaire
ou le fermier de ses premiers frais. Cette augmentation, loin d'être un mal, a au contraire
des résultats très-avantageux sous le rapport d'é-
conomie politique. Il est prouvé que, depuis la
mise en exécution de mon système d'agriculture,
la population a augmenté de deux tiers à Holkham. Il y a aujourd'hui six cents personnes où il
n'y en avait que deux cents. Dans ma paroisse,
je ne sache pas qu'il y ait un seul individu sans
occupation; il est souvent arrivé, au contraire,
de manquer de bras. Il y a quelque temps que les
principaux habitans des trois paroisses d'Holkham, de Warham et de Wighton, se présentèrent
chez moi pour me prévenir que la maison destinée aux pauvres était inutile, parce qu'en effet
il n'y avait pour ainsi dire plus de pauvres; que
la conservation de cette maison était une charge
dont on pourrait se débarrasser en la vendant,
ou tout au moins en la louant. Leur ayant observé qu'il serait possible qu'à l'avenir ils eussent besoin de cette maison, ils me répondirent

qu'ils étaient persuadés qu'avec l'indépendance
et l'heureuse existence dont ils jouissaient déjà,
et sachant d'ailleurs qu'ils ne manqueraient pas
d'ouvrage, ils étaient persuadés que le temps
des pauvres n'était pas près de revenir; tout le
canton est industrieux et moral. La maison de
travail fut donc démolie. Le petit nombre de
pauvres infirmes et de vieillards qui ne peut
exister que par la charité publique, est un léger
fardeau pour les trois paroisses.

» Avant de terminer cet entretien, j'ajouterai
que je dois en partie cette heureuse situation à
l'adoption du drille, que l'experience m'a de
plus en plus fait apprécier, et qui a justifié toutes
mes espérances. Avec cet instrument, des moutons Southdown, du bétail de Devon et des
navets de Suède, le système d'agriculture du
Norfolk se trouve complet.

» Il m'est agréable de reconnaître également
que c'est aux talens supérieurs, à l'intégrité, aux
soins assidus de M. Blaikie, et à sa méthode de préparer les engrais, méthode qu'il a d'ailleurs pu-
bliée, que je dois ce haut degré de prospérité. »

Ainsi se termina cette réunion dont l'utilité
ne peut être mise en question, soit qu'on la considère sous le rapport des renseignemens donnés, de l'émulation excitée, ou du perfectionne-

ment apporté dans un art qui, plus que tout autre, intéresse l'humanité.

On ne saurait non plus l'apprécier à sa juste valeur comme un spectacle raisonnable, supérieur, réjouissant et le plus agréable pour l'homme, soit que l'on considère le nombre des spectateurs, leurs rangs, leurs caractères, ou l'hospitalité magnifique de M. Coke, ou les objets remarquables dont les yeux sont frappés, la suite non interrompue de circonstances intéressantes et le mouvement général qui, avec tout le reste, produit et entretient une énergie extraordinaire dans le pays.

Qu'il est intéressant encore de voir M. Coke distribuer les prix avec un air doux, expressif et plein de dignité, les accompagnant toujours de quelques mots flatteurs pour les concurrens couronnés ; de remarques judicieuses et instructives sur les objets dans lesquels ils excellent ! Avec quelle pénétration profonde il exprime les bienfaits que l'agriculture doit recevoir de la continuation de ces essais ! Son expression est sur-tout touchante lorsqu'il remercie pour lui, pour le public, ceux qui se sont distingués dans ce concours, dont l'exemple ne peut manquer d'inspirer à tous les cultivateurs le désir de faire de semblables efforts et de mériter les mêmes récompenses. De quelle émotion à leur tour ne sont pas pénétrés les heureux candidats, lorsque devant une assemblée si imposante, ils s'avancent pour recevoir des mains de M. Coke le prix de leurs honorables travaux, prix destiné à devenir dans chaque famille le plus précieux héritage, puisqu'il attestera aux enfans, dans les temps les plus reculés, les louables travaux de leurs pères et la libéralité de M. Coke!

Ces prix étaient des vases, des coupes, des pots et autres objets d'argent ayant les valeurs que nous avons annoncées précédemment.

Ne fut-ce pas là une scène très-instructive ? Ne fut-ce pas une leçon très-expressive de morale pratique ? Y eut-il jamais de projets plus heureusement conçus et plus utilement dirigés ? Au reste, la tendance de cet établissement extraordinaire est bien connue aujourd'hui pour être bonne sans exception. Le bien qu'il a fait à la Société est déjà incalculable. Les effets qu'il a produits sous le rapport de l'amélioration des mœurs de la classe des cultivateurs, qui n'était déjà ni à dédaigner, ni sans importance, vient en augmenter encore les motifs de considération.

Le pur mécanisme d'un pareil établissement n'est pas non plus une chose indifférente. Son plan, arrêté d'avance pour chaque année, comprenant une grande variété d'objets, sur chacun desquels il faut porter une attention minutieuse, exige nécessairement beaucoup de prévoyance et la coopération d'hommes capables de s'occuper des détails, ne peuvent leur donner que des avis généraux. Mais la direction suprême de tous les travaux repose sur M. Coke. C'est à sa surveillance active, de tous les momens, à ses efforts personnels, que sont dus les succès obtenus. Il est par-tout et avec chacun : il désigne les objets les plus dignes de remarque; les meilleurs procédés, les essais à faire et les plus instructifs, les appareils; il arrête le plan des bâtimens, des clôtures, des plantations, des irrigations; il veille à l'amélioration des animaux, à la bonne composition des engrais, à la moisson; il s'applique à satisfaire les étrangers avides de recherches, et ne dédaigne même pas de répondre aux questions, bien qu'importunes, des observateurs ordinaires. Il reçoit avec reconnaissance les renseignemens qu'on peut lui donner sur tout ce qui concerne l'agriculture, et il est toujours prêt à répondre aux questions qu'on peut lui adresser à ce sujet.

Il serait difficile d'exprimer le nombre prodigieux d'objets que son esprit embrasse à-la-fois, et les courses qu'il fait dans toutes les directions pour s'assurer que ses ordres ont été exécutés. Dès le matin il monte à cheval et visite successivement toutes les parties de son domaine où il fait exécuter des travaux. Il lève toutes les difficultés et rend une prompte justice à qui elle est due, quand il s'élève quelque discussion parmi ses employés.

Indépendamment des grandes réunions annuelles pour la tonte des moutons, M. Coke appelle auprès de lui, à diverses époques de l'année, ses principaux fermiers, au nombre de dix-huit ou vingt, avec lesquels il arrête les travaux à faire pendant la saison.

D'après ce récit, on ne peut douter, je crois, que M. Coke n'ait effectué un changement considérable dans le système d'agriculture. Il s'est élevé cependant quelques doutes quant à son utilité réelle, et sur-tout parce qu'il a conduit à ce qu'on appelle l'agrégation des fermes.

On sait bien qu'à la vérité les fermes de M. Coke sont la plupart très-étendues; qu'il ne fait pas valoir lui-même moins de 2,000 acres, et quelques-uns de ses fermiers en ont jusqu'à 1,200 acres; mais c'est à l'expérience à décider cette question d'économie politique, et maintenant je crois qu'elle peut prononcer en connaissance de cause et en sa faveur.

Je demanderai d'abord à quelle époquè remontent les améliorations obtenues dans l'agriculture? On ne peut douter que ce ne soit du temps où la terre a commencé à être cultivée en grand. Où sont les preuves d'améliorations ? c'est assurément l'augmentation des produits. Et comment cela a-t-il pu se faire? il est clair que c'est par l'emploi raisonné des capitaux.

On peut remarquer de plus que dans le voisinage des terres de M. Coke et dans une grande partie du Norfolk, à l'ouest sur-tout, la terre est si maigre, si naturellement stérile, si peu propre à la culture, que tous les travaux seraient sans résultats profitables, si on n'y employait pas des avances considérables. Une grande étendue de terrain qu'on cultive encore d'après l'ancienne manière, ne produit pour ainsi dire rien, tandis qu'on retire des récoltes abondantes de tous ceux qui sont cultivés d'après le nouveau système d'Holkham.

Mais il faut beaucoup de discernement et une certaine hardiesse pour risquer dans une entreprise de cette nature des capitaux considérables. Il faut, pour ainsi dire, être certain du succès et du bénéfice. Le fermier, comme le marchand et le manufacturier, doit donc avoir de grands capitaux ; il doit donc être bien élevé et se distinguer des petits fermiers autant par son caractère, son éducation, que par l'étendue des terres qu'il fait valoir.

Une petite ferme et un fermier sans éducation (car, sauf quelques exceptions, cela va ensemble) ont peu d'influence sur la prospérité nationale; ils ne peuvent faire aucune expérience, et par conséquent aucun perfectionnement. Le petit fermier, je le répéte (sauf les exceptions, car il peut avoir le mérite de l'industrie avec la frugalité, et tous ne sont pas d'ailleurs sans éducation); le petit fermier, dis-je, ne s'élève guère au-dessus de la condition des hommes qui travaillent; il ne reçoit originairement qu'une bien mince instruction. Ses occupations ne lui permettent aucun exercice de ses facultés intellectuelles; il demeure nécessairement stationnaire quant au pouvoir de l'esprit, et au rang qu'il tient dans la société.

Celui qui a des vues nationales, ne peut nier au contraire que de grandes fermes ne présentent plus d'avantages. Elles donnent proportionnellement plus de grains; elles sont la source des améliorations en fait d'agriculture : ces améliorations ont toutes été faites dans de grandes fermes; quiconque a vu les travaux d'Holkham saura apprécier la vérité de cette assertion.

On sait que plusieurs branches de la science
naturelle, la chimie, l'histoire naturelle, la mécanique, trouvent des applications avantageuses
dans l'exploitation d'une grande ferme. Il faut
donc que le fermier, pour tirer parti de tout,
ne soit pas étranger à ces sciences. Il faut donc
qu'il ait reçu de l'éducation. Il doit lui-même
chercher à augmenter ses connaissances, soit
par des lectures, des essais, des observations,
soit en fréquentant les personnes instruites. De
tels hommes, dont l'attention est pendant plusieurs années uniquement dirigée sur un seul
objet, l'agriculture, ne sauraient manquer, pour
la plupart, de découvrir quelques procédés nouveaux qui tournent à leur avantage et à celui
du public. Je demandais à M. Blomfield, auteur
des pâturages inoculés pour la découverte desquels le Norfolk lui sera à jamais reconnaissant,
s'il croyait que l'art de l'agriculture eût atteint
sa perfection; il me répondit qu'en regardant en
arrière, il était étonné de toutes les améliorations qui avaient eu lieu, mais qu'il ne doutait
nullement qu'il y eût encore beaucoup à faire.

Le nouveau système de fermage à longs baux,
offrant l'espoir d'un bénéfice qui n'est probablement pas inférieur à celui qu'on retire du
commerce et des manufactures, et les individus

6 *

qui se livrent à l'agriculture ayant la même espérance de fortune et d'avancement dans la société, ils doivent, aussi bien que les négocians et les manufacturiers, recevoir une bonne éducation ; et, à quelques égards même, l'agriculture réclame plus fréquemment l'application des sciences naturelles que les manufactures et le commerce.

Il ne suffit donc pas à un jeune homme qui veut devenir fermier, d'acquérir les connaissances pratiques, de se familiariser avec les procédés qui tiennent à l'agriculture et dont on ne peut obtenir une connaissance parfaite que dans les champs, en suivant et tenant pour ainsi dire la charrue ; il faut encore qu'il se mette au courant de la littérature et des sciences. Indépendamment de sa langue, il doit en apprendre quelques-unes d'étrangères, au moins le français, afin de pouvoir puiser dans les livres des connaissances plus étendues, et se procurer des momens d'un repos utile en même temps qu'agréable, dans les intervalles des travaux pénibles.

C'est dans une université qu'on peut le mieux acquérir la connaissance de la philosophie naturelle, comprenant la chimie et l'histoire naturelle, particulièrement la botanique et la physiologie de la végétation, comme étant liées à la culture du sol et à l'accroissement des plantes. L'Université d'Édimbourg offre, à cet égard tout ce qu'on peut souhaiter, non-seulement à cause de la réputation des leçons qu'on y fait et de leur connexion avec le sujet dont nous parlons, mais encore par le cours spécial d'agriculture du célèbre professeur Coventry, et des remarques judicieuses par lesquelles il démontre la liaison qui existe entre les sciences naturelles et l'agriculture.

J'ajoute encore que les héritiers de grandes propriétés devraient faire entrer cette étude dans leur éducation. La connaissance de l'agriculture et une certaine attention aux affaires de la campagne, peuvent seules les rendre capables de bien diriger leurs fermiers, dans les communications qu'ils sont dans le cas d'avoir très-fréquemment avec eux. Il leur serait encore bien plus profitable de chercher eux-mêmes à faire des expériences en agriculture : l'exemple de M. Coke dit tout à ce sujet.

Mais pour en revenir aux grandes fermes, je rapporterai brièvement les principales objections qu'on a élevées contre ce système, et je tacherai d'y répondre par ce que j'ai vu pratiquer à Holkham.

Première objection. — Qu'une grande ferme ou étendue de terre ne nourrirait qu'une famille, tandis que, divisée, elle en nourrirait plusieurs.

J'admettrais le fait, si la question se bornait au fermier et au sol; mais une chose ne peut être regardée comme un mal, qu'autant que la société en souffre; je ne vois pas que ce soit ici le cas. Pour le public, un gros fermier en vaut plusieurs petits. Un homme bien élevé, intelligent, comme doit être un gros fermier, s'occupant activement, judicieusement, d'un art utile, est assurément plus avantageux à la société qu'un grand nombre d'hommes médiocres, qui par leur intelligence ne s'élèvent guère au-dessus des brutes.

D'après la même manière de voir, on condamnerait donc un manufacturier qui étendrait son commerce à mesure de l'accroissement de ses capitaux. A la vérité, un commerce plus borné suffirait pour soutenir sa famille, et sa grande manufacture, divisée en plusieurs petites, ferait exister un plus grand nombre de personnes. Mais alors que deviendrait sa louable ambition d'acquérir de la fortune et de s'élever dans la société ? Et pourquoi celui qui cultive la terre n'aurait-il pas la même prétention, les

mêmes droits que le fabricant d'étoffe, le bras-
seur de bière ?

Lorsqu'en faisant valoir des terres on ne songeait qu'à gagner pour vivre, et non pour amas-
ser de la fortune comme à présent, les petites
fermes étaient convenables : il ne fallait pas de
grands efforts pour atteindre ce but. Cela explique pourquoi les petites fermes produisaient
en général si peu. Lorsqu'on travaille en petit,
tant en commerce qu'en agriculture, les idées
ne s'élèvent pas ; elles restent bornées dans une
sphère très-rétrécie ; alors aussi inutiles à eux-
mêmes qu'au public, ni le commerce, ni l'agriculture ne retirent aucun profit des travaux des
individus qui s'y livrent. Les grandes inventions
modernes pour les manufactures, et les non
moins grandes améliorations en agriculture,
sont également le résultat de l'emploi de grands
capitaux. C'est la véritable source de l'industrie.

Mais, après tout, n'est-ce pas le produit qui
fait vivre ? et le système qui produit le plus,
n'est-il pas celui qui fait vivre le plus de monde ?
Il ne peut donc pas y avoir de doute sur la supériorité des grandes fermes, et les récoltes de
M. Coke en fournissent une preuve sans ré-
plique.

Seconde objection. — Que les grandes fermes

diminuent le travail ; comme on y emploie plus de moyens mécaniques, il faut moins de bras en proportion de leur étendue ; en conséquence elles enlèvent de l'occupation à beaucoup de monde, et, par-là, démoralisent la classe ouvrière et dépeuplent le pays.

Cette objection a été présentée d'une manière spécieuse dans le *Quarterly review* (1). Mais je ne la crois pas soutenable. L'adoption de quelques instrumens mécaniques qui font l'ouvrage plus exactement que la main et plus vite, peut diminuer un peu le nombre de bras qu'on employait. Le drille dépose le grain en terre avec moins de travail et plus uniformément qu'avec

______

(1) Les spéculations des gens de lettres sont souvent dirigées sur des sujets pour lesquels ils manquent de renseignemens pratiques, et plusieurs dissertations ingénieuses sur des questions d'économie politique, ont, pour cette raison, manqué de justesse. Cette remarque est spécialement relative à la question présente. Les gens de lettres, comme tels, ont peu d'occasions de se familiariser avec la pratique de l'agriculture ; bien peu se trouvent dans le cas de connaître à fond les véritables intérêts de leurs contrées. La plupart d'entre eux sont occupés à fournir des articles aux journaux quotidiens, aux ouvrages périodiques ; ils sont les hommes de lettres d'une contrée ; mais attirés par des travaux littéraires dans la capitale, ils y perdent bientôt de vue les travaux agricoles.

la main; l'usage de la houe à cheval est non-seulement plus efficace pour détruire les mauvaises plantes, diviser et purger la terre, mais il est encore certainement moins dispendieux que l'ancienne manière d'exécuter ce travail; et s'il n'y avait pas d'autres procédés en usage sur une ferme, il s'ensuivrait nécessairement diminution de main-d'œuvre (1).

____

(1) La dernière saison a été si favorable pour distribuer la semence à la main (*dibbling*), qu'à cette époque, vers la fin d'octobre 1818, il y a eu plus de grains déposés en terre de cette manière, et plus exactement qu'à l'ordinaire, les mains des enfans employés à ce travail n'ayant pas été saisies par le froid. S'il en était toujours ainsi, cet usage s'étendrait probablement; et si, au lieu d'une seule rangée, on en mettait deux très-rapprochées l'une de l'autre, comme n'en faisant qu'une, en conservant toutefois, de deux rangées en deux rangées, assez d'intervalle pour conduire au printemps la houe à cheval, cela donnerait des résultats semblables à ceux qu'on obtient du drille, et vaudrait peut-être mieux dans les terres sales, remplies d'herbes qui embarrassent sa marche; mais M. Coke ne peut avoir cette raison pour se servir de la houe-semoir au lieu du drille, ses terres étant, avant tout, parfaitement purgées des mauvaises herbes.

Il y a encore une autre manière de déposer la semence, que j'ai vue réussir, pour la culture de la disette; c'est de tirer des lignes, et de semer ensuite à la main. Ces lignes

Mais il s'en faut bien qu'on en soit arrivé à ce point; car s'il y a quelque économie par la réduction du travail, et par conséquent de la dépense sur un article, le fermier est par cela même dans le cas d'en faire davantage d'un autre côté. Il est de son intérêt de faire travailler en proportion de ses moyens, puisque le produit d'un travail avantageux est presque sans bornes; le revenu d'une ferme étant toujours en proportion du travail qu'on y fait faire judicieu-

---

doivent être tracées de 20 pouces en 20 pouces, et les graines déposées dedans, distantes les unes des autres de la longueur de la main. Ce procédé est très-convenable pour la culture du *mangel wurzel*, parce qu'avec le drille, il se trouve semé trop épais, et par le *dibble*, souvent trop profond. Il arrive aussi que, dans les terres fortes, le bord du *dibble* durcit l'entrée des trous, ce qui empêche les graines de germer.

Dans son année de séjour en Amérique, M. Cobbett décrit la manière dont on y sème les navets de Suède. On tire des lignes de 4 pieds en 4 pieds, dans lesquelles on sème la graine de 10 pouces en 10 pouces; ils viennent parfaitement. D'ailleurs, le climat d'Amérique leur est très-favorable; ils n'ont point à souffrir des insectes. Il n'en est pas de même en Angleterre, ainsi qu'on l'a vu précédemment; mais cela prouve à quelle grande distance on peut, sans diminuer la récolte, semer cette plante, pourvu qu'on ait soin d'ôter les mauvaises herbes.

sement; et c'est la vérité que le système que je défends, a beaucoup augmenté les travaux.

L'avantage de tenir les terres parfaitement propres, n'a jamais été suffisamment apprécié dans l'ancien système. Cela est de rigueur dans le nouveau. Il faut en conséquence labourer plus fréquemment, passer l'extirpateur, la herse et autres instrumens. Il y a encore d'autres procédés qu'on exécute plus en grand; on met à proportion plus d'engrais; les transports de terre et de marne sont plus considérables; on élève et on engraisse plus de bétail; tout cela demande plus de travail; et j'ai à peine besoin d'ajouter que, d'après les abondantes récoltes que j'ai vues à Holkham et à Warham, le seul travail de la moisson, qui ne peut être exécuté qu'à bras d'hommes, est plus que doublé.

La question pourrait d'ailleurs être décidée par le fait simple de la mise d'un capital plus considérable dans l'exploitation d'une ferme. Le travail s'en accroît proportionnellement, et le travail, ainsi qu'on l'a déjà observé, est l'unique source des produits durables.

A l'appui de ce que j'avance, je vais rapporter un passage du rapport de lord Albemarle sur la distribution des prix à Holkham en 1817, publié dans la chronique de Norfolk du 12 juillet de cette même année. Dans deux paroisses, dit-il, voisines l'une de l'autre, situées dans une partie également fertile du Norfolk, dont une presque toute entière appartient à M. Coke, et l'autre à un gentleman des environs, on suit le nouveau et l'ancien système de culture. Les deux propriétaires sont également généreux et bons pour les fermiers, humains, bienfaisans pour les pauvres; la population de ces deux paroisses est la même en raison de leur étendue; ni l'une, ni l'autre, n'ont de manufactures. Ce qu'il y a d'étonnant, c'est que dans la paroisse de M. Coke, entièrement cultivée, comme de raison, d'après son système, avec toutes les machines qu'il exige, ses fermiers emploient non-seulement toute la population qui peut travailler; mais encore beaucoup de celle de l'autre paroisse. Dans celle-ci, au contraire, où l'ancien système de culture est toujours suivi, les travailleurs n'y trouvent pas d'ouvrage chez les fermiers; ils sont obligés d'en aller chercher dans les paroisses voisines, et la plupart du temps de recevoir les secours destinés aux pauvres, et d'aller travailler sans profit sur les grandes routes.

Cela prouve assez, j'espère, que le nouveau système d'agriculture ne prive pas les ouvriers

de travail, ne diminue pas la population, et ne
tend pas à démoraliser les pauvres, ainsi que
le voudrait faire entendre le *Quarterly review*.
Au surplus, l'exemple d'Holkham et de Warrham
est là. Leur population a beaucoup augmenté;
les pauvres y ont beaucoup plus de mœurs depuis que le nouveau système y est adopté. Depuis quarante ans la population y est triplée,
et s'il est vrai, comme on ne peut certainement
le nier, qu'elle ne s'accroît qu'en raison des
subsistances, et que ces subsistances soient
le produit du travail, il faut, de toute nécessité,
que celui-ci ait augmenté dans la même proportion.

Ce n'est pourtant pas au nouveau système
d'agriculture, bien qu'il en soit la principale
cause, qu'il faut entièrement attribuer l'accroissement de population à Holkham. La nombreuse
suite et le grand train de maison de M. Coke y
ont aussi contribué.

Ces paroisses sont situées près de la mer et
du petit port de Walls. Il n'y a pas long-temps
qu'à l'endroit même où sont aujourd'hui les
écuries de M. Coke, on ne voyait que de pauvres
chaumières habitées par des êtres misérables
qui, incapables de se soutenir par les travaux
honorables de l'agriculture, n'avaient pour sub-

sister que les secours de la pitié, ou que le produit d'un commerce frauduleux ou du vol. De semblables habitudes ne pouvaient guère produire que des vices. Cette triste population ne connaissait ni la sobriété, ni l'industrie, ni l'économie, cette première vertu du pauvre.

Les habitans de ces deux paroisses, Holkham et Warrham, sont aujourd'hui dans une situation bien différente. L'assurance qu'un travail régulier ne saurait plus leur manquer, bannit toute inquiétude sur leur existence présente et future, et, comme dans toutes les autres conditions de la vie, ils tirent de leurs occupations le plus de fruits possibles. Tenant un rang dans la société, ils ont perdu l'habitude de l'oisiveté, et par conséquent du vice. C'est au nouveau système d'agriculture qu'on doit un si heureux changement, aussi profitable aux mœurs qu'à la population.

On ne voit plus dans ces paroisses cette maison des pauvres, décorée du nom de maison de travail, qui n'est autre chose qu'un asile de fainéans. Il y a vingt-cinq ans qu'on en bâtit une à Warrham; elle servait aussi pour les paroisses d'Holkham et Wighton; alors elle était souvent pleine. Nous avons vu que, sur la représentation des fermiers de ces paroisses, elle fut détruite comme inutile. La taxe des pauvres est à présent bien moins forte. On peut secourir un pauvre sans le priver de la liberté et des consolations domestiques, auxquelles il a été habitué, sans violer à son égard le plus honorable de ses sentimens, celui qui le porte à disposer à son gré de ses épargnes et des libéralités qu'il reçoit (1).

Troisième objection. — Que les grands fermiers ne fournissent plus de domestiques, classe utile et absolument nécessaire dans la société, tandis que les enfans des petits fermiers sont ordinairement élevés pour ce service.

Je répondrai à cette objection en faisant remarquer que M. Coke choisit dans ses chaumières les domestiques dont il a besoin, tant pour le service de sa maison que pour ses travaux agricoles.

Parcourant en voiture les environs d'Holkham, avec M. Coke, nous remarquâmes en-

---

(1) Ici l'auteur entre dans des digressions très-étendues sur le vice du système des maisons dites du travail des pauvres. Il cite à ce sujet son propre travail sur celle de Norwich, en 1812, et un ouvrage de Georges Rose, contenant des observations sur les lois et l'administration des pauvres en Angleterre.

semble la bonne mine et l'adresse du jeune postillon qui nous conduisait. A cette occasion,
M. Coke nous dit que c'était le fils d'un de ses
travailleurs; que toujours il prenait des jeunes
gens de cet âge à son service; qu'ils étaient d'a-
bord garçons d'écurie, petits domestiques, etc.,
et que souvent, en prenant de l'âge, ils devenaient capables d'occuper des places plus élevées. De combien d'individus ne fait-il pas le
bonheur en agissant ainsi! Combien de gens qui
s'habituent par-là à une vie régulière, au travail, et qui prennent encore en même temps de
bonnes manières et de la politesse!

La facilité avec laquelle M. Coke se procure
ses domestiques, prouve que, de ce côté, la
diminution du nombre des petites fermes ne
doit rien laisser à craindre. Il restera toujours,
quoi qu'on fasse, la classe des travailleurs, qui
n'en laissera jamais manquer. A l'égard des petits fermiers, je puis remarquer, en passant, que
de l'habitude de fournir des domestiques, je tire
la preuve de leur grossièreté, de leur peu d'a-
mour-propre. S'ils avaient quelque éducation,
consentiraient-ils à élever leurs enfans pour la
servitude, et à les condamner à rester toute
leur vie dans un état aussi bas? Il faut qu'un
fermier s'estime bien peu de chose pour penser

qu'il obtient un rang plus distingué en se faisant domestique.

Mais il n'en est pas ainsi de la chaumière de l'ouvrier : l'individu qui en sort pour entrer dans la maison d'un gentleman, monte véritablement d'un rang ; il quitte un état où ses jouissances étaient très-limitées, pour en embrasser un où il a tout lieu d'en espérer de plus étendues.

Des causes morales et physiques tendent constamment à rabaisser, à humilier une grande masse de population. Le but de toute union sociale, d'un bon gouvernement, de tout philantrhope, doit être de s'opposer à cette tendance autant que possible, et de diminuer par-là le nombre des individus qui composent cette classe infortunée.

On ne peut douter que M. Coke n'ait contribué à atteindre ce but important ; et parmi tous les bienfaits qu'il répand autour de lui, celui-là doit être sans contredit au premier rang.

Ainsi donc, à cet égard, le nouveau système d'agriculture n'a pas nui à la société, tandis qu'à l'égard de l'amélioration de l'état de fermier, on n'hésitera pas à reconnaître que M. Coke a servi l'intérêt de la civilisation en général, en faisant prendre un rang distingué dans la société à cette

classe importante ; importante par son intelligence et par la fortune qu'elle a, ou qu'elle peut
acquérir. Les fermiers, bien élevés eux-mêmes,
ne manqueront pas de bien élever leurs enfans ;
ils chercheront à leur procurer de l'avancement,
à les mettre dans le cas de se rendre utiles et de
se distinguer dans quelques professions, soit
dans la littérature, soit dans le commerce, soit
dans l'exercice des arts supérieurs liés avec la
philosophie naturelle, comme la chimie, la mécanique, etc. Ainsi, tout ce qui entoure M. Coke,
riches fermiers aussi bien que les pauvres habitans des chaumières, lui doivent l'amélioration
de leur sort.

Quatrième objection. — Que les choses les
moins intéressantes pour le fermier, comme le
lait, le beurre, le fromage, la volaille, sont né-
gligées dans les grandes fermes, et qu'alors, les
marchés en étant moins fournis, c'est un inconvénient pour le public.

Je répondrai brièvement à cette dernière objection, en faisant remarquer que MM. Coke,
Blomfield, Denny d'Egmère, ont chacun une
grande quantité de belles vaches de North-Devon ; que je tiens de M. Blomfield qu'une de ces
vaches lui donnait 13 livres et demie de beurre
par semaine, quatre mois après qu'elle avait fait

son veau. Le revenu de la laiterie n'est pas le seul bénéfice qu'on retire des vaches de Devon ; c'est à elles qu'on doit les excellens bœufs de trait et les meilleurs engrais. Ces bœufs sont coupés à deux ans et demi. Il arrive quelquefois qu'on fait travailler les taureaux, sur-tout quand ils montrent quelque disposition à être vicieux ; le travail les adoucit.

Quant à la volaille, tout ce que je puis dire, c'est que jamais je n'en ai vu nulle part autant que chez M. Blomfield. Pour se faire une idée de la quantité de coqs-d'Inde qu'il élève, il suffira de dire qu'il en perdit cinq cents par maladie, il y a deux ans.

Le voisinage des grandes villes, et le retour fréquent des jours de marché, doit certainement engager les fermiers à élever de la volaille ; mais quelques-uns de ces gros fermiers en élevant maintenant plus qu'ils n'en pourraient vendre avantageusement dans les marchés ordinaires qui sont à leur portée, ont pris le parti de l'envoyer à Londres. Dans tous les cas, c'est l'intérêt du fermier d'en élever ; et plus ses récoltes sont abondantes, plus il perdrait s'il négligeait cette partie de l'économie domestique.

D'après cet appel à des faits qu'on ne peut nier, je crois qu'il est clair que le nouveau système d'agriculture ne produit pas le mal qu'on prétend lui attribuer, même quand il **est** suivi sur de grandes fermes ; eût-il même quelques inconvéniens locaux, individuels ou temporaires, on en serait bien vite dédommagé par l'accroissement de produits qui en résulte, accroissement qui peut à jamais délivrer l'Angleterre des dangers d'une disette et amener de la modération dans le prix des denrées, tout en conservant aux fermiers d'honnêtes profits.

J'ajouterai encore qu'il n'y a aucun fondement aux reproches qu'on a faits à M. Coke d'avoir voulu s'agrandir aux dépens des petits fermiers, en exploitant lui-même une si grande quantité de terre. Il n'est point vrai, comme on l'a prétendu, qu'il ait toujours cherché à fondre plusieurs petites fermes dans une grande, et à priver par-là plusieurs familles de leurs moyens d'existence pour en agrandir une seule.

Le fait est que M. Coke, en arrivant chez lui, trouva ses fermes renfermant une grande étendue de terrain, la nature du sol n'ayant pas permis de les affermer autrement : la quantité dédommageait de la qualité. Il y avait une ferme d'une grande étendue, louée à raison de 3 shellings l'acre, et qui, à cause de ce bas prix, était considérée comme une petite ferme ; M. Coke ne souhaitait pas en renvoyer le fermier; il lui offrit de renouveler son bail, à un prix plus élevé à la vérité, mais encore très-modique. Le petit fermier refusa, et, ne voulant pas renoncer à son malheureux système de culture, il avait raison. M. Coke prit le parti de la faire valoir lui-même. Heureusement, il eut assez de prévoyance pour deviner juste le genre de culture qui convenait à cette sorte de terre; heureusement encore, il se trouva assez riche pour en faire l'expérience.

Quel en a été le résultat? la fertilité a pris la place de la stérilité. Ce qui n'était probablement auparavant que de mauvais pâturages pour les moutons, entremêlés de seigle, d'avoine, d'orge et de navets mal cultivés, sans un seul grain de blé ; ce terrain, dis-je, est devenu productif au point qu'on y fait des récoltes aussi abondantes que dans les meilleures terres. On y a, par acre, de 10 à 12 coombs de froment et 20 d'orge.

Et dira-t-on que le public ne retire aucun avantage de cette augmentation de produits? Dira-t-on que les voisins de M. Coke et tous les gens qu'il emploie n'en ont tiré aucun profit? Mais d'où vient donc l'augmentation de leur nombre et les économies qu'ils ont faites, si ce n'est de cet accroissement de produits ?

Nous avons déjà remarqué que dans le voisinage d'Holkham, et dans une grande partie du Norfolk, la terre est légère, d'une qualité inférieure, et ne peut être avantageusement cultivée qu'en grand et avec des capitaux considérables. Une grande partie du Leicester est de même, et il y avait des fermes très-étendues avant que M. Coke y eût des possessions.

Sous le système perfectionné suivi par lui et par ses fermiers avec tant de succès, cette grande étendue de terrain s'est vraiment convertie en de grandes fermes, en de grandes exploitations très-productives, qui font la fortune des particuliers, et dont le public profite. Lorsqu'on pense aux moyens par lesquels un changement si avantageux s'est opéré, on a peine à croire qu'ils aient pu être exposés au plus léger reproche.

En agriculture, les véritables procédés sont ceux qui donnent des résultats si importans, des bénéfices si certains. Ce bien naît de chaque pas qu'on y fait, et les profits d'une grande exploitation bien conduite ne peuvent entrer chez le propriétaire sans qu'un grand nombre d'autres individus y participent.

Rien assurément n'augmente autant la jouissance des richesses, que de penser que leur acquisition n'a coûté le sacrifice d'aucun principe. On me permettra de dire que peu d'occupations procurent plus de satisfactions morales que l'agriculture; sous ce rapport, M. Coke est aussi inattaquable que sur les immenses améliorations effectuées par lui dans le système d'agriculture. Son intégrité en toute chose est aussi bien constatée que l'accroissement énorme de ses revenus. J'oserai ajouter que l'acquisition de tant de fortune n'a jamais été suivie du plus léger soupçon d'immoralité.

Dans toute la suite de ses travaux, il n'a pu jamais exister aucun motif pour qu'il s'écartât de l'honorable intégrité qui est dans son caractère. Il n'y avait rien qui ressemblât à l'oppression dans le parti qu'il prit de renvoyer le fermier qui était à Holkham depuis si long-temps. Il lui offrait de le conserver à des conditions que la manière de faire valoir de M. Coke a prouvé être fort avantageuses. Je ne rechercherai pas si, en réaffermant ses autres fermes à mesure qu'elles devenaient vacantes, il fut toujours également juste, ainsi que dans le changement qu'il fit probablement de quelques-uns de ses autres fermiers. Ses principes et son caractère étant connus, on peut affirmer que jamais, dans aucune circonstance, il ne s'écarta de la ligne d'une

exacte justice. On sait que si M. Coke s'est en-
richi en affermant toujours pour long-temps et
à des prix modérés, les fermiers y ont trouvé
aussi beaucoup d'avantages.

Il y eut des risques à courir lorsqu'il se décida
à faire valoir; mais ces risques étaient pour lui;
les capitaux qu'il y hasardait lui appartenaient.
Les spéculations de l'agriculture, très-différentes
de celles du commerce, reposent peu sur le crédit, les dépenses courantes d'une ferme étant
presque bornées au paiement du salaire des ouvriers et aux factures des marchands; ces derniers, en général, font peu de crédit, et les autres
n'en font point du tout. L'achat des animaux,
des semences, des engrais, se fait argent comptant; d'où l'on peut conclure que, sans capitaux
disponibles, toute amélioration en agriculture
est impossible. Ainsi M. Coke n'aurait pu, comme
fermier, exposer ses créanciers à des pertes considérables, lors même qu'il n'eût pas possédé
une grande propriété.

Je ne demanderai donc point si, au lieu de la
censure, il n'a pas plutôt mérité les applaudis-
semens universels comme bienfaiteur de ses
semblables. Le lecteur n'en doutera pas, j'en
suis persuadé.

Cependant on nous dit gravement que rien

ne peut laver les taches qui souillent son système d'agriculture; on dit, ou du moins on veut
faire entendre que, pour avoir occasion de gagner de la fortune, il a sacrifié le bonheur qu'il
pouvait répandre autour de lui; on dit que son
système des grandes fermes est un grand mal;
qu'en conséquence de ce système, les gros fermiers peuvent réunir maison à maison, champ
à champ; envahir tout; s'emparer de la brebis
du pauvre pour augmenter encore ses nombreux
troupeaux; que les grandes fermes sont la plaie
de l'agriculture moderne, et que ceux qui propagent ce système ne seront pas regardés par la
suite comme les bienfaiteurs de leur pays.

On peut croire que je dois être content de la
manière honnête avec laquelle M. Burges, dans
sa lettre à M. Coke, 2me. édition, page 136, a
parlé de moi; je n'y suis certainement pas insensible. Je ne dois pas non plus trouver mauvais qu'il diffère d'opinion avec moi, au sujet
du système de M. Coke; mais je dois regretter
qu'un homme tel que lui se soit rendu l'écho
des clameurs des ignorans, des gens à préjugés;
je dois regretter qu'il ait jeté sur le système de
M. Coke, non-seulement un blâme politique,
mais encore un blâme moral, en disant qu'il
tend à répandre sur la surface du royaume un

insolent défi de toute obligation morale. Je dois être surpris qu'il m'accuse de n'avoir pas considéré le sujet sous un point de vue moral, lorsqu'il peut voir dans plusieurs passages de la première et deuxième édition de cet écrit, ainsi qu'on le voit encore dans cette troisième, que non-seulement j'ai parlé de la prétendue *démoralisation* des pauvres dans le voisinage des grandes fermes, mais encore que j'ai cherché à prouver la fausseté de cette imputation, en citant l'exemple des pauvres de Warham et d'Holkham, dont les mœurs se sont autant améliorées que le nombre des habitans s'est augmenté.

Je ne pouvais, à la vérité, deviner qu'on reprocherait au système que je défends, de répandre dans le royaume *l'insolent défi de toute obligation morale*, ni par conséquent y répondre; et j'avoue encore que je ne vois pas comment ce mal pourrait s'effectuer, à moins que M. Burges ne trouve qu'un fermier est immoral parce qu'il fait valoir beaucoup de terres, qu'il habite une maison commode; parce qu'ayant été bien élevé, il a les manières d'un gentleman et qu'il sort de sa sphère. Je confesse que je ne vois point qu'il y ait aucun principe moral de violé dans tout cela. J'y vois, moi, une classe importante de plus acquise à la société, une plus grande masse

de lumière, une tendance vers le perfectionnement de la civilisation ; tout cela, dans ma manière de voir, doit conduire à l'amélioration des
mœurs.

Quoique je ne sois qu'un fort humble admi-
rateur du système de M. Coke, je dois me croire
enveloppé dans l'espèce d'accusation portée par
M. Burges contre *ces hommes qui ne seront pas
regardés par la suite comme les bienfaiteurs de
leur pays*. Tout ce que je puis dire, c'est que,
quelque convaincu que je sois du bon effet
qu'ont produit les grandes fermes, je n'ai jamais
conseillé de détruire les petites pour en créer
de grandes, et M. Coke ne l'a jamais pratiqué
non plus ; il n'y a donc pas le moindre prétexte
à l'alarme qu'on a cherché à répandre à ce sujet. Je suis persuadé qu'il est impossible d'ag-
glomérer plusieurs petites fermes pour en former une grande, et que cela ne serait pas sans
inconvéniens pour le public.

La distribution des richesses dans ce pays
(l'Angleterre), sur-tout s'il demeure commer-
çant, sera toujours probablement telle que la
propriété des terres se trouvera en trop de
mains pour que ces inconvéniens aient lieu.
Les fermes, je n'en doute point, continueront
à être de différente étendue, malgré le change-

ment du système d'agriculture qui peut devenir plus général encore. Elles changeront donc selon l'intérêt, le besoin ou le caprice des propriétaires. Il est probable encore que les grandes propriétés continueront à se vendre par petits lots, comme cela s'est pratiqué beaucoup depuis quelque temps, afin que les acheteurs aient plus de facilités pour arrondir leurs propriétés.

Mais, loin que M. Coke ait agi d'après le principe que M. Burges lui impute, d'être l'oppresseur du pauvre et de créer de grandes fermes aux dépens des petites, il a toujours, au contraire, autant qu'il était possible, divisé ses grandes fermes en d'autres plus petites ; et la preuve de cela, est qu'il y a maintenant sur sa terre douze fermes de plus qu'il n'y en avait quand il en devint propriétaire. Il en fait de même dans les biens qu'il achète. Il y a quatre ans qu'il fit l'acquisition d'Egmère, ferme de 1,200 acres d'excellente terre. Ce bien était affermé depuis long-temps à un seul fermier; mais M. Coke le divisa de suite en deux fermes, et il y a maintenant deux fermiers pour chacun desquels il a fait bâtir de belles maisons.

Depuis quarante-deux années que M. Coke est à la tête de ses biens, le changement de système de culture, joint à d'autres circonstances, en a dû nécessairement amener un considérable dans tous les arrangemens, et sur-tout dans la distribution des fermes. Dans ces changemens, il a été sur-tout dirigé par la qualité du sol; il a donné une plus grande quantité de mauvaises terres, et une beaucoup moindre de bonnes. Dans l'ouest du district de Norfolk, les terres sont généralement mauvaises; elles ne peuvent, ainsi que je l'ai déjà remarqué plusieurs fois, être cultivées en petit avec avantage. Il a donc fallu continuer à en faire des fermes d'une grande étendue; mais là où le sol était d'une meilleure qualité, soit naturellement, soit par le fait des améliorations, il a presque toujours divisé les grandes fermes, à l'expiration des baux; et l'augmentation déjà citée du nombre de ses fermes, sur son héritage de Norfolk, prouve que ses divisions ont été assez fréquentes.

En même temps, et agissant toujours d'après le même principe de la valeur des terres, il a augmenté d'autres fermes; mais il ne l'a point fait en réunissant une petite ferme à une grande, en ôtant à un petit fermier pour donner à un gros, mais bien en mettant en culture de nouvelles terres et des terres d'une qualité si inférieure, qu'il n'eût pas été possible de les cultiver séparément avec avantage, et pour lesquelles

on n'aurait pu faire la dépense de construire
des maisons et autres bâtimens d'une ferme. Il
y a procédé en enveloppant ces nouvelles terres
par de nouvelles clôtures, et la plupart du temps
il effectue des plantations. Il donne le reste au
prix le plus bas, aux fermiers du voisinage; et
comme c'est toujours pour long-temps, ceux-ci
les mettent en valeur et parviennent souvent à
en faire de bonnes terres. Voilà comme les fermes
se sont agrandies, et comment, plus tard, elles
deviennent susceptibles d'être divisées en plusieurs autres. Mais il est bien évident que ces
agglomérations sont maintenant de toute nécessité pour que de telles terres puissent être améliorées et devenir productives.

M. Coke n'a pas négligé non plus le bien-être
des nombreux ouvriers qu'il occupe, et dont la
quantité s'accroît tous les jours. Il n'y a sûrement
pas de canton où l'on trouve autant de maison-
nettes aussi commodes et aussi jolies que sur ses
propriétés.

Il est bon que le lecteur sache que je tiens la
plupart des détails dans lesquels je suis entré,
de M. Blaikie, intendant actif et intelligent de
M. Coke, qui, ayant assisté à tous les travaux
depuis leur commencement, possède sur chacun
d'eux des documens précieux. Je suis bien aise

de trouver ici l'occasion de lui rendre justice et de le venger des choses désobligeantes que M. Burges lui adresse dans son extraordinaire critique des travaux agricoles de M. Coke.

Personne, je pense, ne mettra en doute qu'une grande ferme produit plus à proportion qu'une petite; de même que de grandes manufactures, de grands établissemens de commerce, conduits avec de grands capitaux, donnent en proportion plus de profits que de petits établissemens de ce genre conduits avec de moindres capitaux.

Quoi qu'il en soit, toutes les fermes, grandes et petites, sont susceptibles d'améliorations dans leur culture; et ce que je regrette réellement, c'est de voir qu'on s'en soit si peu occupé jusqu'à ce jour : car les résultats dont j'ai parlé étant si clairs et si importans, j'avoue qu'il est extraordinaire que le système de M. Coke fasse des progrès si lents, et qu'après un si grand nombre d'années qui prouvent sa supériorité, il soit, comparativement parlant, adopté en si peu d'endroits.

Les travaux agricoles se faisant en plein jour et à la vue de tout le monde, leurs procédés n'ont rien de mystérieux, de caché. Tout le public peut en prendre connaissance. M. Coke a invité tout le monde à venir le visiter; et la fête annuelle qu'il donne à Holkham y attire toujours, et depuis long-temps, un grand concours de personnes de toutes les conditions : eh bien, malgré cela, bien qu'il se serve du drille depuis seize ans, personne ne songeait à suivre son exemple, tant il est difficile de propager même les bonnes choses ! M. Coke lui-même, en observateur profond, juge que son système ne gagne pas plus d'un mille de terrain par an autour de lui.

On se serait attendu, au contraire, sachant combien les hommes sont en général influencés par le sentiment de leur intérêt ; on aurait cru, dis-je, que le système se serait propagé rapidement, et qu'il aurait été adopté par tous les propriétaires et fermiers témoins de sa supériorité.

Qui l'a donc empêché ? Les préjugés qui sont l'écueil de toute amélioration, un attachement aveugle et enraciné à de vieilles habitudes, une ignorante aversion pour les changemens, le manque de capitaux ; et je puis ici ajouter à cette occasion ce que disait le docteur Darwin dans sa Phytologie, « parce qu'il est difficile d'enseigner une chose nouvelle à une vieille ignorance. »

Ainsi, c'est donc une entière ignorance du nouveau système, ou l'une ou l'autre cause, ou peut-être toutes à la fois, les causes que nous avons citées, qui font que dans une grande partie du royaume, l'agriculture est encore dans un état déplorable (1). Dans le courant de l'été de 1816, M. Coke parcourut le pays de Salop et de Chester, dont les terres sont naturellement fertiles. Il visita quelques fermes et prit des renseignemens, dont le résultat fut qu'on ne recueillait pas plus de 4 coombs ou 16 boisseaux de blé par acre.l'un portant l'autre. Ce qu'il y a de plus singulier, c'est que dans tout ce pays, il ne vit que deux moutons; l'un sur la route, qu'on conduisait à M. Roscoe (2) dans le pays de Lancastre, et l'autre était un belier qu'on avait attaché dans un coin de champ avec une corde pas trop longue, pour qu'il ne causât pas de dommages.

Dans le comté de Chester, on fait encore ce

----

(1) Que dirait donc M. Rigby de la nôtre, s'il la voyait, puisqu'il trouve celle de son pays, en général, si peu digne d'éloges ?

(2) M. Roscoe est un des hommes les plus distingués de l'Angleterre, par son caractère et par son savoir profond. Il est auteur de plusieurs ouvrages sur les beaux-arts, et d'une vie de Léon X. Il demeure ordinairement à Liverpool.

qu'on faisait il y a cent ans. On suit le même système qu'Arthur Young reprochait à l'agriculture de l'intérieur de la France avant la révolution. Une fois en un certain nombre d'années, on laboure les prés et on les ensemence également pendant quelques années. La dernière récolte est du blé; et puis on laboure le chaume, et c'est ce qu'on appelle fumer la terre; ensuite on la laisse produire de l'herbe naturellement. Malgré si peu de soins, la terre y est si bonne, si fertile, qu'on obtient en général des pâturages ou des foins très-abondans.

Que ne produiraient donc pas ces deux comtés favorisés par la nature, si on y adoptait un autre système d'agriculture? Quelle récolte de navets n'y ferait-on pas, si on y faisait usage des engrais et des houes à cheval ou extirpateurs, pour détruire les mauvaises herbes!

Je n'ai plus qu'un souhait à former, et j'aime à croire qu'on le trouvera patriotique; c'est que cet admirable système que je viens de décrire soit enfin apprécié; qu'il s'étende par-tout, dans toutes les directions; qu'il s'établisse si bien dans tout le royaume, que l'abondance qu'il répandra suffise aux besoins d'une population toujours croissante, et que, par ce moyen, que je regarde comme infiniment préférable à tout autre, on prévienne le retour des disettes et des malheurs qui en sont la suite.

___

DROIT DE PROPRIÉTÉ EN TERRE.

J'ajoute à cet écrit, comme ayant quelque rapport avec l'agriculture, l'extrait d'un ouvrage attribué au docteur Ogilvie, publié en 1780, sur le droit de propriété en terre (1).

Cet ouvrage est rempli de projets ingénieux et philanthropiques; mais ce ne sont, après tout, que des projets, des spéculations, qui, toutefois, méritent d'être connus. L'auteur de cet écrit considère le bonheur public comme le véritable objet primaire, le but principal que doit se proposer tout gouvernement.

Il regarde l'agriculture comme indispensable

___

(1) M. Rigby a également donné l'analyse de l'ouvrage du célèbre M. Malthus, sur les véritables causes de l'accroissement de la population. On sait qu'il l'attribue à la facilité avec laquelle on se procure des subsistances, et par conséquent à l'état plus ou moins prospère de l'agriculture. Envisagée sous ce dernier point de vue, cette matière n'était pas déplacée à la suite de l'agriculture d'Holkham, mais nous la croyons ici superflue. Nous nous bornons à l'analyse du droit de propriété en terre du docteur Ogilvie.

au soutien général de l'espèce humaine et à la prospérité des nations ; comme le genre de travail, d'occupation ou d'emploi le plus naturel à l'homme, et celui de tous qui est le mieux calculé ou approprié à produire l'avantage et le bien-être individuel et général. Il croit en conséquence qu'on ne saurait faire trop d'efforts pour étendre toujours de plus en plus la culture sur la surface de la terre. Mais, à cette opinion, il en joint une autre ; c'est qu'on ne l'y amènera jamais d'une manière assez complète, à moins que celui qui cultive le sol ne trouve son plus grand intérêt à le faire, c'est-à-dire à moins qu'il ne soit propriétaire ; il pousse même cette condition si loin, qu'il ne craint point de donner à entendre que tout individu disposé à consacrer son travail à la culture de la terre, pour sa propre subsistance et celle de sa famille, devrait être reconnu comme ayant acquis le droit de posséder en pleine et entière propriété une portion raisonnable du sol du pays qui l'a vu naître.

Il soutient que le droit de propriété en terre devrait être fondé sur l'utilité publique, et il croit, en conséquence, que ce droit, qu'il appelle excessif, exorbitant, que les lois municipales de l'Europe ont fondé, a produit les suites les plus fatales, les plus désastreuses ; il dit que les propriétaires actuels, en voulant que leurs fonds leur rendent des produits outre mesure, exercent l'usure la plus pernicieuse à la société, et privent l'industrie laborieuse de son légitime salaire ; qu'en n'accordant à leurs fermiers que des baux d'une courte durée, ils arrêtent et empêchent le développement de cette précieuse industrie, susceptible de s'accroître dans tous les temps, dans tous les lieux où la culture de la terre s'offre aux bras laborieux à des conditions équitables.

Il est persuadé que le corps social a tellement souffert de cette culture mesquine, restreinte et insuffisante, qu'il croit devoir proposer divers règlemens de police en vertu desquels une masse beaucoup plus considérable d'individus serait employée à cet art, le plus nécessaire de tous. Mais il répète que, pour bien cultiver le sol, il faut en être le propriétaire, ou être tout au moins assuré d'une longue possession.

Il voudrait qu'on donnât aux soldats qui ont fini leur service, et qui reviennent libres de tout engagement, des terres abandonnées restées sans culture, vagues ou perdues par leurs anciens titulaires, à condition de s'y établir

et de les cultiver. Il entend qu'on leur four-
nirait les avances nécessaires pour commencer (1).

----

(1) Cette expérience a été tentée en Écosse, et son
manque absolu de succès renverse entièrement cette spéculation philanthropique, mais par trop visionnaire.

A la suite de la dernière guerre, le docteur M'Farlan,
dans ses recherches concernant les pauvres, publiées en
1782, dit que, quand une grande partie de l'armée eut été
licenciée, les préposés aux biens confisqués, en Écosse,
crurent ne pouvoir mieux disposer d'une portion considérable de terres non cultivées, qu'en les distribuant aux
soldats retirés, par lots de 3 acres ou même davantage,
à chaque individu. Pour engager ces nouveaux colons à
se fixer sur leurs petites fermes, on consentit à leur bâtir
des chaumières ou petits manoirs. Un grand nombre de
ces gens de guerre licenciés venant des parties du pays
où se trouvaient les terres confisquées, on crut qu'ils
s'empresseraient d'acepter des offres si avantageuses, et
on dépensa environ 6000 livres sterling à construire des
habitations pour ces mêmes hommes, auxquels on avait
déjà distribué des terres. Il semblait que la réussite d'un
pareil plan fût immanquable. On procurait des retraites
commodes à ces braves, qui avaient bien servi leur pays,
tandis qu'on pouvait se promettre en même temps de peu-
pler et de fertiliser de vastes terrains inhabités. Eh bien!
l'exécution ne répondit que très-imparfaitement à ce
qu'on s'en était promis. Au bout de quelques années, la
plupart abandonnèrent leurs chaumières.

Il attribue le triste état de l'agriculture dans divers cantons au manque de population, et le manque de population aux restrictions apportées aux mariages des pauvres gens. Du reste, il a dans les moyens de faire produire à la terre des substances nutritives, une telle confiance, qu'il ne craint pas que jamais on en manque; il croit même que, dans les climats stériles, les plus rigoureux de la Sibérie, tous les habitans de l'Europe pourraient y trouver leur existence aussi bien que dans les contrées qu'ils occupent aujourd'hui. Il est tellement dégagé de toute espèce d'appréhension par rapport à une population qui viendrait à s'accroître trop rapidement, et d'une manière surabondante, qu'il regarde l'état hypothétique d'une colonie d'hommes, établie dans une petite île où la portion de terre arable, aidée par une culture portée au plus haut degré de perfection, ne suffit que tout juste pour nourrir ses habitans, comme l'état auquel toute nation devrait aspirer d'arriver, comme étant le plus parfait possible dont elle soit susceptible.

Il signale en passant beaucoup de maux, de vices ou d'inconvéniens qui, selon lui, ne sauraient être corrigés que par un système d'agriculture plus développé et mieux entendu. Il prétend que quelques-uns de ces maux ont été injustement attribués au système des lois anglaises pour pourvoir à la subsistance des pauvres ; lois dont il se montre chaud partisan, et en faveur desquelles il plaide comme le plus généreux et le plus respectable citoyen ; loi dont la jurisprudence des nations quelconques puisse le plus se faire honneur. Il soutient que les abus même qui peuvent s'y être glissés ne sauraient être allégués contre son utilité, puisque, même dans l'état le plus altéré, le plus perverti de cette grande et belle institution, il pense que les vices dont elle peut être entachée sont pleinement compensés par des avantages équivalens.

Il continue l'examen de son sujet et descend de plus en plus dans les détails qu'il comporte ; ce qu'il fait avec beaucoup de franchise et de force de raisonnement, tout en avançant des opinions qui se trouvent, il faut l'avouer, singulièrement en opposition avec celles qui sont communément reçues dans les matières d'économie politique. Mais, quelque opinion qu'on puisse se former de ses diverses spéculations, toujours est-il vrai qu'elles partent d'un esprit de bienveillance et de philantrhopie qui ne peut manquer d'exciter la vénération et le respect pour l'auteur.

Deux de ses propositions peuvent et doivent être aussi regardées comme incontestables: l'une est qu'une culture infiniment plus parfaite et plus étendue de la terre, est nécessaire au bonheur individuel et à la prospérité nationale; l'autre, que le sol arable ne saurait être cultivé d'une manière *adéquate*, c'est-à-dire complétement suffisante, que par des individus qui y ont un intérêt direct et qui sont tranquilles sur la possession du terrain qu'ils cultivent, pour un espace de temps tel qu'ils puissent espérer en retirer amplement le fruit de leurs avances et de leurs peines.

Pour remplir en tout point ces dernières conditions, le lecteur se souvient probablement des mesures extrêmes que l'auteur, en suivant rigoureusement son système jusqu'à sa dernière limite, avait été amené à proposer; mesures subversives de l'ordre social actuel, et qui produiraient une désorganisation complète, enfin la loi agraire. Mais sans avoir recours à des mesures si violentes, M. Coke a obtenu les mêmes résultats, en affermant ses biens à longs baux et à des prix modérés. Ses fermiers, assurés d'une longue possession, et par conséquent d'une longue jouissance des fruits de leurs travaux, ont adopté de suite toutes les améliorations obtenues dans l'art de cultiver la terre. Ils y ont été excités par leurs intérêts particuliers et par le désir d'être remarqués parmi tant de rivaux, et de cette émulation louable, il en est résulté le bien général. Par tout ce qu'on vient de voir, on est de plus en plus frappé de la vérité de la devise que j'ai adoptée : *Omnium rerum ex quibus aliquid exquiritur, nihil est agriculturâ melius, uberius,* HOMINE LIBERO *dignius* : De toutes les sources de richesses, il n'en est aucune qui soit meilleure, plus féconde et plus digne d'un homme libre, que l'agriculture.

MANIÈRE

DE FAIRE LE FUMIER DE BASSE-COUR;

Par F. BLAIKIE,

Intendant de M. Coke, à Holkham.

Cette instruction sur l'art de faire le fumier de basse-cour, a été particulièrement faite pour les propriétés de M. Coke, situées dans le comté de Norfolk. Elle fut imprimée d'après son désir, et la première édition fut donnée par ce gentleman à ses amis et à tous ses fermiers.

Le libraire ayant reçu beaucoup de demandes de cet ouvrage de la part de plusieurs gentlemans qui n'étaient pas de la connaissance de M. Coke, il a sollicité et obtenu de celui-ci la permission de le rendre public. En conséquence, il donne cette nouvelle édition augmentée et corrigée par l'auteur.

Fumier de basse-cour.

Mes observations et mon expérience me mettent à portée d'assurer que l'art de faire les fumiers de basse-cour pour l'usage de l'agriculture, n'est pas encore bien connu, du moins généralement, dans le comté de Norfolk.

La principale erreur où l'on est encore à ce sujet, vient de l'habitude qu'on a de garder en tas séparés le fumier des divers animaux, et de le répandre sur les champs sans en faire le mélange.

La coutume de garder et de nourrir le bétail dans la basse-cour, chaque espèce séparément, est assurément très-avantageuse, et chacun de ces animaux étant bien nourri, soit avec des gâteaux d'huile, du blé concassé, des navets de Suède, soit avec tous autres bons fourrages, donne un excellent fumier. On doit avoir soin de ramasser leurs restes et de les jeter dans la basse-cour. Cela a pour objet non-seulement d'augmenter la quantité de fumier, mais encore d'y attirer les cochons qui, en cherchant quelques grains de blé, des morceaux de navets ou autres alimens, opèrent le mélange que nous recommandons.

Les auges et les mangeoires des divers animaux de basse-cour doivent être, par de bonnes raisons, fréquemment changées ou lavées.

Le bétail qu'on engraisse pour la boucherie, a également son quartier particulier dans la basse-cour. Le fumier qui en provient est d'une qua-

lité très-inférieure, à cause de la trop grande
quantité de paille qu'on lui jette pour litière.
Cette paille, sur-tout depuis qu'on fait usage
des machines à battre le blé, étant entièrement
dépouillée de son grain, n'attire plus les cochons
comme auparavant; et par conséquent le mélange que nous avons indiqué comme une condition nécessaire, n'a plus lieu de cette manière.
Ces animaux, que l'espoir seul de trouver de la
nourriture fait mouvoir, se portent actuellement
à l'entrée des granges, où ils savent qu'il y a encore du grain. Ils négligent, en grande partie,
les autres endroits de la basse-cour, à moins
que, pressés par le besoin, ils ne soient forcés
d'aller chercher leur nourriture dans des endroits moins productifs pour eux que les portes
des granges.

Ordinairement le fumier des chevaux se met
en tas auprès des écuries. Quelquefois, cependant, on l'éparpille dans une cour; mais alors ce
n'est que pour faciliter l'entrée ou la sortie de
l'écurie, ou l'écoulement des eaux. En le laissant
par tas, il fermente, l'intérieur se trouve promptement changé en une matière blanche et sèche.
Il perd ainsi de 50 à 75 pour 100 de sa valeur.
Un fermier attentif et intelligent doit savoir se
garantir d'une perte qu'il est facile de prévenir,

en ne laissant jamais s'accumuler une trop grande quantité de fumier.

A ce sujet, voici la règle que je propose d'établir :

Le garçon de basse-cour, chargé de fournir la nourriture des cochons, des chevaux, etc., ayant fini son travail du matin, prendra un cheval ou un autre animal de trait, qu'il attellera à une petite charrette, avec laquelle il transportera le fumier des chevaux dans la cour du bétail qu'on engraisse pour la boucherie, où il le répandra le plus également possible. De cette manière, on fera, du mélange de deux mauvais fumiers, un bon.

On m'objectera peut-être que ce surcroît de travail pour le garçon de basse-cour est au-dessus de ses forces et occasionnerait des dépenses.

A cela, je réponds qu'un fermier qui veut prospérer, ne doit jamais reculer devant le travail. Quant à la dépense, elle est absolument nulle. Lorsque le garçon de basse-cour a terminé son travail du matin, qui consiste à donner à manger à tous les animaux, à peine fait-il autre chose que de s'appuyer sur sa fourche, en attendant que ces mêmes animaux aient besoin d'un second repas. Son temps ainsi perdu, serait employé avec profit, s'il se mettait à transporter le fumier ; et ce travail ne lui prendrait tout au plus qu'une demi-heure par jour.

En général, il existe ou il doit exister dans chaque ferme une voiture légère, destinée à transporter les petits objets. On pourrait facilement s'en servir pour voiturer notre fumier de cheval d'une cour à l'autre. Il y a aussi, dans toutes les fermes, un ou plusieurs animaux de trait qui n'ont pas à faire un service régulier, comme, par exemple, un vieux cheval favori, un mulet, un cheval pour faire les commissions, une jument ayant son poulain, un cheval un peu mal portant, un bœuf, et même un taureau qu'un peu de travail rend plus paisible, ou même le cheval de cabriolet du maître. Chacun de ces animaux, chargé d'un si mince travail par jour, ne s'en porterait que mieux.

Le fumier provenant de la cour des cochons, doit être, comme celui des chevaux, répandu dans la cour du bétail qu'on engraisse pour la boucherie.

De la forme convenable des cours à fumier.

Les opinions sont partagées relativement à la forme qu'il convient le mieux de donner aux cours à fumier. Les uns conseillent de les creuser en forme de puits ; ils prétendent que la vertu d'un fumier engrais ne peut se conserver que lorsqu'il est constamment humecté, ou d'urine, ou de tout autre liquide. D'autres disent que la forme de la base de ces cours doit être convexe, alléguant que le fumier de basse-cour se conserve mieux dans l'état sec que dans l'état humide.

L'expérience a prouvé que la forme qui tient le milieu entre ces deux extrêmes est la meilleure. Notre basse-cour sera donc légèrement concave.

On a beaucoup écrit sur la propriété des urines, sur les fluides qui s'écoulent des basse-cours, comme étant des engrais propres à fertiliser les pâturages. On a recommandé de les conserver dans des réservoirs, de les porter et de les répandre ensuite sur les prairies en temps convenable, au moyen de tonneaux semblables à ceux dont on se sert pour arroser les rues, les places publiques dans les villes. Mais il ne convient pas de mettre cette théorie en pratique, du moins en grand, avant de s'être assuré que le bénéfice couvrira au moins la dépense (1).

Mais une méthode bonne à pratiquer, quand

---

(1) On peut voir un résumé de tout ce qui a été écrit à ce sujet, dans un rapport fait, le 19 août 1818, à la Société d'Agriculture de Paris, sur les fosses mobiles et inodores de MM. Cazeneuve et compagnie.

d'ailleurs la disposition du terrain le permet, est de conserver les écoulemens de basse-cour, dans des espèces de citernes où ils se mêlent à d'autres eaux, et d'où ils puissent couler naturellement à travers une prairie par une infinité de rigoles pratiquées à cet effet.

Je conseille également de faire arriver dans ces citernes, l'eau croupie des fossés, des égouts, et d'y jeter assez de litière pour absorber entièrement tout ce liquide. Cet engrais sera excellent pour les pâturages permanens, et même pour les jeunes trèfles.

Préparation des tas de fumier.

Avant de continuer ce que j'ai encore à dire au sujet des fumiers de basse-cour, je vais expliquer la manière de former ce qu'on appelle dans les champs les bons fonds (*good bottoms*). C'est un emplacement à proximité du champ qu'on veut ensemencer de navets, où l'on dépose provisoirement les fumiers de basse-cour dont on aura besoin plus tard.

L'étendue de ces fonds est proportionnée à la quantité de fumier qu'on veut y déposer. Leur profondeur est d'environ 18 pouces. La base en est formée d'une couche assez épaisse d'argile, mêlée avec quelques petites pierres à plâtre ou à chaux. Elle a pour objet de retenir et même d'absorber à elle seule le jus du fumier. (On verra plus bas qu'on se trompe.)

Les fonds étant ainsi préparés, on y transporte le fumier. On a soin, dans les premiers voyages, de ne point faire rouler les charrettes sur leur base, de crainte de les déformer. Des hommes armés de fourches en font l'arrangement au fur et à mesure qu'on l'amène, sans le tasser. Ils élèvent carrément les tas sur toute l'étendue du fonds, jusqu'à la hauteur de 5 ou 6 pieds.

Le fumier des basse-cours est enlevé successivement, ne passant jamais à une seconde cour avant d'avoir vidé la première; de sorte qu'il n'en résulte aucun mélange dans les fumiers qui proviennent des différentes sortes d'animaux qui peuplent les basse-cours. Quant au fumier de cheval, on a vu combien peu de profit on en retire, par la mauvaise habitude qu'on a de le traiter. Cependant, c'est le plus énergique de tous, étant gouverné convenablement. Sous ce rapport, il convient de le destiner aux exploitations les plus éloignées, parce qu'alors le transport est moins dispendieux; mais il faut savoir discerner la nature des terres où il est le plus propre.

Les tas de fumier étant formés comme nous venons de le dire, il s'établit bien vite dans cette masse, si toutefois le fumier est bon, une fermentation très-violente ; il s'en échappe prodigieusement de gaz. Le jus ou la partie liquide, qu'on croyait devoir descendre sur la base du fond et et s'y combiner, s'écoule par les côtés, se dessèche et se perd. La fermentation cesse enfin, mais tout l'intérieur du tas est brûlé, consommé, tandis que le dehors est totalement desséché par l'effet du soleil et du vent. Ils restent dans cet état jusqu'au moment de les employer dans les champs, pour, ensemencer les navets. Alors on les renverse et on mêle les fonds d'argile avec le fumier. C'est la seule partie de ce travail qu'on puisse raisonnablement approuver. Une nouvelle fermentation a lieu ; car, d'après ce vicieux système, la qualité du fumier se trouve non-seulement altérée, mais encore la quantité est tellement réduite, que, lorsque le fermier a semé la moitié de ses navets, il ne lui reste plus de fumier. Il est obligé d'avoir recours à la poudre de gâteau d'huile, ou de semer la moitié de ses navets sans engrais. Si la terre est d'excellente qualité, ce qui arrive quelquefois, le défaut de prévoyance se fait moins sentir ; il fait une récolte passable ; mais, la plupart du temps, elle manque précisément par les raisons que je viens de dire. Le fermier est tellement habitué à voir ce résultat, qu'il s'en console par le sentiment où il est d'avoir fait son devoir envers la terre; il croit qu'elle est naturellement stérile, et que rien au monde qu'un miracle, ne peut lui faire produire une bonne récolte.

Formation des composts.

Ayant, par ce qui précède, fait connaître les principales erreurs dans lesquelles on est encore à l'égard du traitement des fumiers de basse-cour, je vais actuellement tâcher d'expliquer mon système, que je regarde comme bien plus parfait. Je n'hésite pas à affirmer qu'il produira sur chaque ferme une quantité suffisante d'engrais pour toutes les terres qu'on voudra ensemencer de navets, pourvu, toutefois, qu'elles soient d'une qualité propre à cette culture. En adoptant mes idées à ce sujet, le propriétaire pourra réserver pour ses fromens la poudre de gâteau d'huile; car ce genre d'engrais y convient beaucoup mieux qu'aux navets.

Mon objet est non-seulement d'améliorer la qualité des fumiers de basse-cour, mais encore d'en augmenter considérablement la quantité.

Je recommande fortement, et je regarde comme une chose de rigueur le mélange intime de toutes les espèces de fumier de basse-cour. On ne négligera pas non plus de faire, à l'égard du fumier de cheval, ce que j'ai déjà prescrit, c'est-à-dire de le porter et de le répandre tous les jours dans la cour du bétail qu'on engraisse pour la boucherie. Il faut avoir le plus grand nombre de cochons possible. On fera ramasser avec le plus grand soin, pour les jeter dans la cour du bétail, la paille inutile à la nourriture des animaux, les orties, les chardons, et autres mauvaises herbes qu'on aura fauchées, soit dans les champs, soit dans des fossés, des marais, etc. On nourrira pendant l'été, avec de la verdure (*green food*), dans leur écurie, les chevaux employés au service de la ferme; pendant l'hiver, on les laissera courir en liberté dans toute la basse-cour ; il faut seulement qu'ils puissent, quand ils veulent et quand il fait mauvais temps, rentrer dans leur écurie. On aura soin d'entretenir par-tout des litières de paille. Les eaux savonneuses provenant de la blanchisserie de la ferme, seront recueillies soigneusement et jetées dans les basse-cours ; les sciures de bois, les feuilles d'arbres mortes, les balayures des routes, la vase des fossés, enfin, toutes les matières animales, et les débris de végétaux, sont propres, étant mêlés avec les fumiers de basse-cour, à former d'excellens engrais pour les turneps.

Formation des tas de compost dans les champs.

Lorsque la saison ramène les travaux de la campagne, une des premières choses dont on s'occupe, est de débarrasser les basse-cours de leurs fumiers, tant pour faire place à d'autres, que pour occuper les charrettes et les chevaux, qui n'ont pas encore d'autres travaux à faire.

Les fonds des tas de compost seront préparés à la manière ordinaire, comme nous l'avons déjà expliqué, avec de l'argile, des pierres à plâtre, à chaux; leur épaisseur sera de 6 à 8 pouces. Indépendamment de ce fond, on élevera avec cette même matière, un mur tout autour du tas, à mesure que celui-ci se formera. Le fumier amené de la basse-cour sera déposé sur les fonds, mais non de la manière ordinaire, c'est-à-dire légèrement, afin de favoriser la fermentation. Au contraire, il faut ici le fouler le plus fortement possible; et pour cela, on fera rouler dessus les charrettes pleines pour les y vider : on préviendra par-là la fermentation. Un homme ou deux, selon le nombre des voitures employées, et la

distance qu'elles ont à parcourir, seront occupés
à donner au tas la forme et la consistance convenables. Ils veilleront à ce que les voitures
puissent toujours facilement monter dessus pour
y verser leur chargement.

Si le fumier n'avait pas été préalablement mé-
langé dans les basse-cours, on ferait ce travail
en le transportant aux tas dans les champs, et
cela de la manière suivante : on prendrait d'a-
bord quelques chargemens dans une cour, ensuite quelques autres dans une seconde cour.
S'il n'y avait qu'une cour, il ne faudrait pas
compléter le chargement dans le même endroit;
car le fumier n'est pas d'une qualité égale dans
toutes les parties de la cour.

La cendre du charbon, les balayures des
routes et autres menus engrais provenant de la
ferme, seront également conduits aux tas de
fumier dans les champs. Ceux-ci étant suffisamment élevés, on coupera leurs faces latérales
verticalement, et puis on les entourera d'un mur
fait avec de l'argile, dont nous avons parlé, et
qui se trouve déjà déposée auprès; il sera également recouvert d'une couche de la même
terre, de sorte que le fumier se trouve enveloppé
de toutes parts. C'est cette disposition qui lui a
fait donner le nom de *pâté*. Le fumier, arrangé

de cette manière, se conserve sans la moindre perte. La fermentation et les exhalaisons sont nulles. Les pâtés doivent rester dans cet état jusqu'à la saison où l'on a besoin de leur contenu pour fumer les navets. Alors, et seulement dix ou douze jours auparavant, on les renverse avec soin, on mélange intimement la croûte, le dessus, les côtés et le dessous avec le fumier. Ce travail étant terminé, on laboure tout autour avec la charrue, et avec cette nouvelle terre on recouvre entièrement le compost. Il s'ensuivra une légère fermentation. Mais l'argile mêlée avec le fumier, ainsi que la nouvelle terre qui les recouvre, absorberont l'humidité et les gaz qui pourraient s'échapper. Le compost, ainsi préparé, est d'une excellente qualité et extraordinairement propre à la culture des navets.

Ensemencement des navets.

Ce procédé étant suffisamment expliqué page 32 de cet ouvrage, je me borne à le rappeler ici brièvement.

Pratiquez dans la terre, avec une charrue du Northumberland, forte houe à cheval, des sillons larges et profonds, et parfaitement parallèles ; mettez dans ces sillons du compost, en raison de huit à neuf voitures par arpent ; passez

la même charrue sillonneuse dans les intervalles;
elle formera un nouveau sillon, tout en recou-
vrant à droite et à gauche le fumier; semez ensuite, au moyen du drille, la graine de navets,
immédiatement au-dessus du fumier recouvert,
et puis passez le rouleau concave.(*Voyez* pl. V.)
Tout cela doit se faire dans la même journée, afin
de déposer la graine dans la terre fraîche. Quelquefois, quand la saison n'est pas favorable à une
prompte germination, on laisse le sillon ouvert
pendant quelques heures, et il devient comme
une serre chaude humide, qui contribue à hâter la
végétation de la graine, ce qui met promptement
les navets hors de l'atteinte des mouches.

Préparation des engrais à la fin du printemps.

Lorsqu'on débarrasse les basse-cours de leur
fumier, à la fin du printemps, ou seulement
peu de jours avant de les employer à la culture
des navets, la préparation du compost doit
différer de la précédente explication, parce que
les matières qui composent le pâté ont moins de
temps pour se pénétrer réciproquement.

Dans cette circonstance, voici la pratique qu'il
faudra suivre :

Il faut, comme pour la préparation des composts d'hiver, une quantité suffisante d'argile

pour former des fonds et des côtés. Mais, en y plaçant le fumier, il ne faut pas traîner dessus les charrettes, pour comprimer les tas, afin d'empêcher la fermentation, comme nous avons conseillé de le faire pour le cas d'hiver. On se servira, comme à l'ordinaire, de fourches avec lesquelles on le répandra le plus également possible sur les tas. Les bords seront faits avec un mélange de fumier et d'argile, de manière à les rendre, pour ainsi dire, imperméables.

Cela occasionne un surcroît de travail, mais il en résulte du profit. D'abord ce mélange devient lui-même un excellent engrais, et puis l'enveloppe qui en forme le contour empêche la fermentation. Les tas étant suffisamment élevés, toujours sur un fond carré, on recouvre le dessus avec de la terre ordinaire, prise dans le champ même, et qu'on a soin de remuer avec la charrue pour plus d'économie. Ces pâtés ainsi disposés fermenteront légèrement, et seront en très-peu de temps en état de servir d'engrais. Cette durée est néanmoins proportionnée à la qualité du fumier et à la quantité de terre qu'on aura jetée dessus. L'expérience seule peut faire connaître ces diverses circonstances.

Le gazon enlevé l'année précédente sur des

terres délaissées le long et sur les côtés des routes, est excellent pour former des enveloppes de pâtés. Rien n'est plus propre à mettre en valeur une terre épuisée, que ce compost appliqué comme engrais.

La seule objection qu'on puisse faire contre l'usage du système que je viens de développer, et que je recommande, est un petit surcroît de dépense. Mais, lorsqu'on réfléchit qu'il est uniquement dû à une addition de travail manuel, on pensera sûrement qu'il ne doit être d'aucun poids, eu égard aux grands bénéfices qui en résultent pour le propriétaire ou le fermier.

OBSERVATIONS

Sur le choix et la préparation des terres pour compost, *et sur la démolition d'anciens pâturages.*

(Lettre adressée au libraire.)

Je suis bien aise, Monsieur, d'apprendre que votre spéculation de publier mon petit Traité sur le fumier de basse-cour, a si bien réussi que le public demande déjà une nouvelle édition. Je vous assure que j'éprouve une grande satisfaction en voyant que mes faibles efforts pour

seconder les vues patriotiques de M. Coke, d'é-
tendre ses connaissances utiles en agriculture
pratique et en économie rurale, aient été favorablement accueillis.

Je n'ai presque plus d'observations à faire au
sujet du fumier de basse-cour; mais je crois
utile de donner quelques explications sur un
point particulier; je veux dire sur la manière
de pourrir le vieux gazon avant de s'en servir
comme *compost*.

Je suis fondé à croire que mes explications
sur le choix des terres propres à mélanger avec
le fumier pour en faire du *compost*, ont été in-
suffisantes dans quelques circonstances. Pour ne
les avoir pas bien comprises, il en est résulté
des désappointemens, et même des pertes assez
graves. Dans mon petit Traité sur l'art de transplanter les gazons, j'ai fait cette remarque :
« gazon retourné depuis un an, pris sur les côtés
des routes, peut servir à faire un bon pâté de
de viande. » (*Voyez* Gazon transplanté, p. 148.)

Je sens bien à présent que j'aurais dû donner
une raison pour avoir recommandé que le gazon
fût retourné un an avant de s'en servir. Cette
remarque avait alors attiré une attention toute
particulière. Elle aurait mis sur leurs gardes quelques cultivateurs sans expérience qui , sans égard

à ma recommandation, se sont permis de prendre du gazon neuf pour accomplir leur objet.

Pour entrer en matière, je ferai remarquer d'abord que les récoltes de navets, dans plusieurs communes, ont eu cette année beaucoup à souffrir des atteintes des insectes. J'admets que cela arrive tous les ans plus ou moins, mais plus particulièrement encore dans des saisons sèches et chaudes, comme la présente. Cependant, avec un peu d'attention, on parvient à détourner ou à empêcher une grande partie du mal.

Les insectes dont je parle sont de genre et de caractère différens. Ils proviennent des œufs de diverses espèces de mouches, qu'un instinct naturel porte à les déposer dans des lieux de sûreté, tels que de vieux gazons secs, situés sur les côtés des routes; et il est très-rare de les voir choisir des terres en culture. Le temps nécessaire à leur création et à leur régénération diffère selon la nature de l'insecte. Par exemple, les papillons éprouvent toutes leurs transformations dans une saison, pendant que les hannetons en demandent trois pour le perfectionnement de leurs divers changemens.

Quand les gazons ont été pris dans des endroits tels que ceux que je viens de désigner, et quand on les emploie pour faire du compost sans les avoir préalablement retournés, on peut être certain d'emporter avec eux des milliers d'œufs de mouches et d'autres insectes. Ils se trouvent par conséquent dans le compost et ensevelis avec lui dans le champ qu'on ensemence de navets, sans que pour cela ils périssent. Ces insectes se nourrissent de navets et d'autres productions végétales, jusqu'à ce qu'ils soient devenus chrysalides. Transformées ensuite en mouches, celles-ci vont à leur tour déposer leurs œufs, comme les premières, sur des gazons secs, le long des routes, etc., mais rarement sur des terres en culture. D'où il suit qu'en retournant les gazons un an avant de les employer à faire du compost, on a moins de dangers à courir de la part de ces insectes. On est certain d'ailleurs d'être débarrassé de ceux qui ne demandent qu'un an pour compléter leur existence; et ce sont précisément les plus nuisibles.

Ces observations s'appliquent principalement aux terres à navets qu'on fume avec les composts; mais on peut également les appliquer à la culture du blé, que les insectes ne ménagent pas davantage. Par exemple, lorsqu'un pâturage est irrégulièrement mangé en été, ce qui n'est pas rare, sur-tout s'il est affecté à une seule espèce d'animaux, comme les chevaux, il reste dans divers endroits beaucoup de pâturages auxquels ils ne touchent pas. C'est particulièrement là que les mouches, sur-tout celles qu'on appelle *demoiselles*, dont le ver est le plus destructeur, déposent leurs œufs. Alors, si au printemps suivant on laboure ce pâturage pour y ensemencer des céréales, celles–ci auront probablement beaucoup à souffrir des insectes; on verra qu'ils commenceront leur ravage dans les endroits où les œufs ont d'abord été déposés; ensuite ils s'étendront par tout le champ et dévoreront tout ce qui se trouvera sur leur passage, jusqu'à ce qu'ils deviennent chrysalides et ensuite mouches.

Les pâturages unis et mangés uniformément dans toute leur étendue, ne sont pas aussi sujets que ceux dont nous venons de parler, à recéler ces insectes. Une couche légère de fumier appliquée sur ces pâturages un an avant de les labourer, est un bon préservatif contre ce fléau destructeur. C'est d'ailleurs un excellent moyen de rendre la terre productive pendant toute la rotation de cette culture; car on sait que la terre est une banque sûre, qui paie de forts intérêts pour les dépôts qu'elle reçoit.

Sur la destruction des anciennes prairies.

Il arrive souvent, soit par cupidité, soit par besoin des propriétaires, que d'anciennes prairies, non encore épuisées, sont labourées et ensemencées de blé, sans avoir égard au bénéfice qu'on en tirait encore. Cette habitude imprudente me rappelle la fable de la Poule aux œufs d'or. Le sens moral qu'on en peut tirer est absolument le même.

Il y a quelques années, lorsque le blé était monté à un prix exorbitant, la transformation des anciennes prairies en champs cultivés fut portée à un point d'imprudence extrême. Ce système fut recommandé et même encouragé par des écrivains théoristes, mais nullement praticiens dans l'art de cultiver la terre. J'ai de bonnes raisons de croire que les fermiers ou propriétaires, qui ont suivi ces conseils imprudens, n'ont pas eu à s'en louer.

Il y a deux espèces de prairies auxquelles il ne faut jamais toucher; celles de première et celles de dernière qualité.

Parmi celles de la première espèce, je range les terres naturellement fertiles, les bas-fonds, les fonds humides ; les terres stériles, élevées, desséchées, forment la dernière classe. Ces observations ne s'appliquent qu'aux Iles Britanniques, et je dois même dire qu'il s'y trouve quelques exceptions à cette règle.

Toutefois, lorsqu'on a transformé un vieux pré en champ labouré, on doit suivre à son égard des procédés un peu différens de ceux qui sont en usage pour les autres terres en culture.

Si la base du nouveau champ se trouvait par trop humide, il faudrait, avant tout, y faire des saignées. Si le desséchement n'est pas bien fait d'abord, il est rare de le voir réussir par la suite.

Le vieux gazon ne sera point détruit même par une suite de récoltes du blé, à moins qu'on ne fasse usage, comme engrais, de quelques matières calcaires ; cela est plus profitable que de laisser le gazon s'épuiser tout seul.

Dans le Norfolk et dans plusieurs autres comtés, on trouve en général des substances calcaires dans les bases des terres, à une très-petite profondeur, de sorte qu'il n'est pas très-dispendieux d'en amener à la surface.

Je me suis étendu plus que je ne voulais au sujet de la destruction des vieilles prairies; c'est qu'il est en effet de la plus haute importance, non-seulement sous le rapport de l'intérêt des propriétaires, mais encore pour le public en général. Je désire bien vivement voir ce sujet traité et discuté par un homme qui entende en même temps la théorie et la pratique des travaux agricoles.

Je ne puis finir sans dire encore quelques mots sur le fumier de basse-cour. On ne saurait trop recommander aux fermiers de chercher tous les moyens d'en augmenter la quantité. Les terres légères, sur-tout, en ont plus besoin que tout autres. La paille étant l'ingrédient principal pour faire ces fumiers, on pourra, dans les saisons où elle abonde, en faire autant qu'il sera nécessaire. La mesure impolitique d'avoir mis un droit exorbitant sur l'importation des graines oléagineuses, jointe à d'autres causes encore, a porté un grand préjudice à l'agriculture. Le prix des gâteaux d'huile, qu'on regarde avec raison comme le meilleur engrais, s'est tellement élevé, que les cultivateurs ont été obligés d'en discontinuer l'usage.

Le cultivateur sait par expérience que tout champ qui cesse de recevoir la quantité ou même l'espèce d'engrais accoutumée, cesse également de produire. Cela est particulièrement vrai pour des terres faibles, et dont toute la vertu est due aux engrais extraordinaires qu'on y met. Ces terres, pour produire, exigent des soins continuels. C'est pourtant ainsi que sont la plupart des terres du royaume, même dans les arrondissemens les mieux cultivés.

Je termine ici mes observations à ce sujet ; je vous laisse, Monsieur, la faculté de les publier en tout ou en partie, suivant que vous les jugerez plus ou moins utiles au public.

MANIÈRE

D'opérer la conversion des terres labourées en pâturage permanent, par le procédé de la transplantation du gazon.

Par LE MÊME.

La conversion des terres labourées ou incultes en pâturage, par le moyen de la transplantation du gazon, dont il a déjà été donné une idée dans la description du système d'agriculture adopté à Holkham, peut et doit être, dès ce moment, regardée comme une des améliorations les plus importantes introduites dans l'agriculture moderne. Nous savons que cette heureuse innovation est due à M. Blomfield, fermier distingué de M. Coke, et comment l'idée de cette opération lui fut suggérée. Il serait superflu de le répéter ici, tout le monde a pu observer comme lui que des gazons posés par-ci par-là, sur une terre meuble, finissent par se rapprocher et s'étendre sur toute la surface.

Cette opération fut d'abord, ainsi que nous

l'avons vu, désignée sous le nom d'*inoculation de la terre;* mais on ne tarda pas à s'apercevoir que ce nom lui convenait peu, et on lui a substitué celui de *transplantation du gazon,* qui paraît devoir lui rester.

M. Blomfield, ayant mûrement médité son projet, le mit à exécution dans le mois de mars, en 1812, sur une étendue de 6 acres ou 9 arpens environ de terre, où il avait récolté de l'orge l'année précédente. Cette terre était parfaitement propre et en bon état. Une récolte de navets avait précédé celle de l'orge; les navets avaient été mangés sur place, et aucune graine de sainfoin ou de luzerne n'avait été semée avec l'orge.

Le succès ayant couronné son entreprise, même au-delà de ses espérances, il résolut de l'exécuter plus en grand. Dès l'hiver suivant, il transplanta du gazon sur une étendue de 34 acres de terre qui avait été en jachère pendant l'été; et l'année suivante, c'est-à-dire dans l'hiver de 1814, il fit la même opération encore sur 2 acres; de sorte qu'à cette époque, il se trouva avoir 42 acres de pâturage formé par la transplantation du gazon, pâturage parfaitement uni, abondant, tel enfin qu'aucun des procédés en usage jusqu'à ce jour n'aurait pu fournir l'équivalent. Cette belle prairie continue encore à présent (au mois d'août 1819) à attirer l'admiration de tout le voisinage. On n'y remarque aucune disposition à la mousse, ni aucune diminution dans les produits. Je dois faire remarquer ici, qu'au commencement des deux printemps de 1813 et 1814, M. Blomfield sema sur le nouveau pâturage du trèfle-blanc, parce qu'il n'avait pas trouvé que cette plante y fût dans une proportion convenable. Il regarde aussi comme une des causes qui ont le plus contribué à unir et étendre le gazon promptement sur toute la surface, l'action souvent répétée d'un rouleau de fer.

Procédés de la transplantation du gazon.

La conversion des terres cultivées en pâturage permanent, par la transplantation du gazon, s'opère pendant les mois d'hiver, à partir de novembre jusqu'au mois de mars. Que ces terres aient été en jachères ou ensemencées pendant l'été précédent, on doit également commencer par les rendre propres et en extirper toutes les herbes ou racines qui peuvent s'y trouver avant d'y transplanter le gazon.

On ne doit pas apporter moins de soins dans le choix des prairies où l'on se propose d'en-

lever le gazon ; elles doivent être le moins éloignées possible, afin de ne pas rendre le transport du gazon trop dispendieux. Il faut préférer
celles dont la surface est unie et exempte de cailloux. On examinera minutieusement la nature
des herbes dont se compose le gazon. Mais
comme il arrive très-rarement qu'un simple
fermier, qui n'est que praticien, ait des connaissances suffisantes en botanique pour distinguer
les diverses espèces d'herbes, à la seule inspection de leurs feuilles, sur-tout si elles se présentent par touffes, on pourra, par le procédé
suivant qui est très-simple, se former une idée
assez exacte de ces sortes d'herbes. Retournez
avec la bêche ordinaire plusieurs morceaux de
gazon dans différentes parties de la prairie où l'on
veut l'enlever, examinez ces morceaux, et s'ils
se composent de plantes à racines pivotantes et
profondes, rejetez-les ; car ces plantes, telles que
les *triticum, holcus, agrostis*, etc., sont mauvaises
pour faire du gazon transplanté.

Le meilleur gazon est celui qui est composé
de plantes à racines fibreuses, comme les *poa*,
les *festuca, cynosorus, anthoxantum, dactylus,
lolium, alopecurus, trifolium, plantago, lanceo-
lata*, etc., etc.

Ayant donc arrêté définitivement le choix du

gazon et de la prairie où il doit être enlevé, on se procurera une charrue à découper le gazon (*paring plough*), ou s'il ne s'en trouvait pas de ce genre-là dans la ferme, une charrue ordinaire, ayant un coutre et un soc plat extrêmement tranchans, pourrait remplir le même objet. En tous cas, une charrue avec avant-train est préférable à une charrue brandilloire, parce que le travail de la première est plus régulier que celui de la seconde.

Il faut que le gazon soit découpé de 2 pouces et demi d'épaisseur, sur 7, 8 ou même 9 pouces de largeur, suivant la nature de ce gazon et celle des instrumens employés à le lever. S'il était humide, bien fourni et dépourvu de cailloux, on l'enleverait par petits morceaux de 4 à 5 pouces carrés, sur la même épaisseur que nous avons dite. A cet effet, on commence à passer en travers le scarificateur garni de couteaux ordinaires bien tranchans, ou de couteaux circulaires en forme de molette, placés aux distances convenables sur un des instrumens représentés pl. I et II, fig. 2 et 4, en le chargeant fortement de pierres, afin que les couteaux pénètrent suffisamment dans le gazon. Cette opération faite, un de ces mêmes instrumens, garni alternativement de couteaux circulaires, ou bien de coutres

dont la ligne du tranchant est convexe et pen—
chée en arrière, étant passé perpendiculaire—
ment à la première direction, donnera de suite
tous les gazons séparés les uns des autres. Mais
aussi leur chargement sur les voitures est plus
long, et par conséquent plus dispendieux. On
est obligé alors de se servir de pelles, au lieu
que le gazon enlevé par larges morceaux, au
moyen de la charrue, peut se charger, soit avec
la fourche, soit même avec la main, quand
d'ailleurs il a de la consistance. On le retaille
ensuite, au moment de la pose.

Les roues des tombereaux qui servent à faire
ce transport doivent être larges, afin de ne
pas creuser des ornières dans les champs
qu'on traverse. Le gazon sera déposé par tas en
ligne droite, comme on dépose le fumier, tellement espacés, que la quantité pour couvrir
ce nouveau pâturage s'y trouve. Il en faut ordinairement cinquante tombereaux à un cheval
pour un acre. Avant de le placer, on a soin de
passer dans des directions perpendiculaires un
large râteau armé de fortes dents de fer renversées en arrière, espacées de 6, 7 ou 8 pouces,
suivant la largeur des gazons. Cette opération
a pour objet, non-seulement de marquer la
place où chaque gazon doit être posé, mais en-

core d'aplanir le terrain et d'effacer les traces des roues du tombereau. (*Voyez* p. 18.)

Tout étant ainsi disposé, des femmes ou des enfans sont chargés de placer chaque motte de gazon, l'herbe en dessus, dans l'endroit marqué par les traces des dents de râteau. Ils ont soin, en même temps, de les fouler fortement avec les pieds.

Un acre de gazon enlevé suffit pour en couvrir 7 ou 8, et non pas 4, comme nous l'avons dit page 18, ainsi que nous allons le prouver par le calcul suivant, en supposant aux mottes de gazon 3 pouces carrés, et les dents du râteau espacées de 8 pouces.

L'acre $= 1 \frac{1}{8} = 1,375$ arpent de France. Mais notre arpent contenant 40,000 pieds carrés, produira 640,000 mottes de gazon des dimensions susdites ; il ne contiendra que 90,000 carrés de 8 pouces de côté, dans chacun desquels, mettant une seule motte de gazon, on en garnira ainsi 7,11 d'arpent, puisque ce nombre est le quotient de 640,000 par 90,000.

Cette disposition est la meilleure à suivre dans la plupart des circonstances. Néanmoins, quelques légers changemens n'apportent pas de différence sensible dans les résultats. On peut donc, si on le juge à propos, mettre les gazons encore plus petits, et alors, avec un arpent, en couvrir 9 ou 10. Mais les intervalles qui resteront entre eux, étant plus considérables, ne se trouveront pas si promptement garnis d'herbes.

Le procédé que nous avons indiqué pour enlever le gazon, n'est applicable que dans le cas où l'on voudrait en dépouiller complétement le pré pour le mettre en culture. Mais si l'on veut, en même temps qu'on y enlève du gazon, le conserver encore en pâturage, il ne faudra faire cet enlèvement que par intervalles et laisser assez de gazon pour que les plantes restantes puissent promptement recouvrir le tout.

Les mêmes instrumens dont on se sert pour le premier cas, servent également dans le second. Mais alors on supprime la moitié des fers, de manière que chacun de ceux qui restent enlève deux gazons à côté l'un de l'autre, de 3 pouces, et en laissent autant sans y toucher. Cette opération étant faite dans les deux directions perpendiculaires, la prairie qui a fourni le gazon présente ensuite un aspect qui ne diffère pas d'un pâturage de gazon transplanté. Après cet enlèvement de gazon, il faudra y répandre trente ou quarante charges de compost par acre. Si la proportion des bonnes plantes n'y était pas assez forte, il faudrait également, dans la bonne saison, y semer de la graine, après y avoir étendu le fumier. On passera ensuite, et à plusieurs reprises, le rouleau de fer. Le gazon s'étendra promptement sur toute la surface, et souvent se trouvera plus beau et plus abondant qu'auparavant. Cette opération aura aussi pour résultat de détruire la mousse, s'il y en avait.

Un pré se trouve encore singulièrement amélioré, en lui enlevant seulement des bandes parallèles de 3 pouces de large, dans une seule direction, et les remplissant ensuite de compost, qu'on unit au moyen du rouleau.

Dans la transplantation du gazon, on doit avoir un soin particulier de le maintenir constamment tourné naturellement, c'est-à-dire l'herbe en-dessus. Il convient également de ne l'enlever, pour ainsi dire, sur-tout si c'est dans la saison des gelées, qu'au fur et à mesure qu'on le pose; et même, en tout état de choses, le succès de l'opération est bien plus complet, si le gazon est employé frais.

S'il arrivait qu'à l'époque de la transplantation des gazons, la terre se trouvât trop sèche ou trop dure pour que les ouvriers pussent suffisamment les presser avec les pieds, il fau-

drait alors avoir recours, pour cet objet, soit
du rouleau, soit à une *demoiselle* à main.

La transplantation étant effectuée comme nous
venons de le dire, on en interdira rigoureusement l'entrée aux animaux, jusqu'à ce que la
graine des plantes soit tombée. Si l'on prévoyait
que la proportion de trèfle blanc ou rouge n'y
fût pas assez forte, c'est à la fin d'avril seulement
qu'il faudrait y en semer, afin de ne pas l'exposer aux gelées auxquelles cette plante, pendant
qu'elle est jeune, est très-sujette. Immédiatement
après, lorsque la terre n'est ni trop sèche, ni
trop mouillée, on passera le rouleau à plusieurs
reprises. Cette opération a pour objet, non-seulement d'unir le terrain, mais encore de faire
étaler les plantes, et de les empêcher de se former en touffes. On la répétera encore plusieurs
fois jusqu'à la floraison, et puis on la reprendra
en automne. Enfin, l'effet du rouleau sur toute
espèce de pâturage ou de prairie, quand d'ailleurs la terre se trouve à un degré d'humidité
convenable, est si salutaire, qu'on fera bien de
répéter souvent cette opération.

On peut donc résumer de la manière suivante la série des travaux à faire pour la transplantation du gazon :

1°. Le desséchement, quand cela est jugé nécessaire ;

2°. Unir à la herse et fumer le terrain ;

3°. Placement des gazons d'une manière régulière ;

4°. Leur foulement aux pieds, au rouleau et à la demoiselle ;

5°. La destruction des mauvaises plantes qui pourraient s'y trouver, et l'addition de graine de trèfle ;

6°. L'éparpillement de l'engrais ou compost, quand on juge à propos d'en mettre ;

7°. Enfin l'action du rouleau fréquemment répétée.

Nous avons déjà recommandé de ne laisser entrer aucun animal sur les nouveaux pâturages avant la chute des graines ; mais ensuite on peut les y admettre, sur-tout en automne, pour manger le regain, en évitant toutefois de les y laisser pendant les temps pluvieux, ni pendant le printemps et l'été suivans. A dater de cette époque, le pâturage se trouvera avoir une telle consistance, qu'il ne sera plus nécessaire de prendre à son égard aucune précaution extraordinaire.

Ce que nous venons de dire est relatif à une

transplantation d'automne, sur un champ qui serait resté en jachère pendant l'été; mais il n'y a rien à changer pour en faire l'application à un terrain qui vient de donner une récolte, telle que celle des navets ordinaires ou suédois : car ces légumes, semés vers la fin de mai, sont parvenus à leur maturité vers la mi-novembre. Les retirant alors du champ, pour les faire consommer autre part, il se trouvera libre et parfaitement disposé pour recevoir le nouveau pâturage avant même l'entrée de l'hiver.

Si la transplantation n'avait lieu qu'au printemps, sur un champ qui aurait donné une semblable récolte, mais qu'on aurait fait consommer sur place, il ne serait nécessaire de le labourer qu'autant qu'il se trouverait d'une nature compacte. En tout cas, toute transplantation doit être terminée avant la fin de mars, et on évitera de s'en occuper pendant les gelées, ou les temps trop pluvieux.

La dépense pour la transplantation du gazon varie suivant les circonstances. Elle s'élève ordinairement de 3o à 4o shellings par acre.

Manière de conserver les navets.

Nous avons, dans l'agriculture d'Holkham, page 25, indiqué, mais brièvement, le moyen vulgaire de conserver les navets. Nous allons donner le détail du procédé d'après M. Blaikie, procédé généralement adopté et publié par lui dès 1817, qu'on a nommé *placing*, méthode de placement.

Lorsque la terre est grasse et argileuse, on ne doit pas faire consommer les navets sur place. Il faut donc en faire la récolte et les transporter ailleurs. A cet effet, on y emploie tous les ouvriers de la ferme, alors disponibles. Nous savons déjà que c'est vers la fin de novembre que cette récolte a lieu pour les navets de Suède. On les arrache successivement un par un, on les débarrasse de la terre adhérente, ainsi que de toutes les racines, qu'on coupe avec un instrument tranchant; mais on conserve, afin de pouvoir les saisir facilement, la touffe de feuilles qui est encore au-dessus. Ainsi préparés, on les jette dans des tombereaux qui les conduisent dans l'endroit qu'on a choisi pour le *placing*.

Cet endroit du placement est en plein champ, nullement abrité, mais pas trop éloigné des animaux auxquels ces navets doivent servir de nourriture. La surface doit en être formée de terre légère et bien unie. Là, tous les navets sont rangés à côté les uns des autres, se touchant et ne formant qu'une seule couche; la touffe de feuille tournée en-dessus. Cette disposition prend moins de place qu'on ne pense. L'expérience a prouvé que la récolte de 20 acres ne couvre pas plus de 1 acre.

De ce système de placement, il résulte plusieurs avantages :

1°. Les navets se conservent sans se gâter, si l'on veut, jusqu'à la Saint-Jean ;

2°. Réunis sur un petit espace, on peut les garantir facilement des atteintes du gibier, par le moyen de claies placées, soit autour, soit par-dessus ;

3°. Transportés du champ dans le lieu du placement avant l'hiver, les voitures et les chevaux employés pour cet objet ne causent aucun dommage sensible dans les endroits qu'ils traversent.

La méthode de les conserver dans des granges ou dans des fosses, comme cela se pratique pour les pommes de terre, ne les garantit point de la fermentation, et par conséquent de la pourriture qui en est la suite.

Mais si le pays ne se trouvait pas trop peuplé de gibier, on pourrait laisser les navets dans les champs, sur-tout ceux qui auraient été semés tard, jusqu'au printemps. Alors, pour les empêcher de monter, ce qui épuiserait la terre, on aura soin de passer, quand d'ailleurs ils seront semés par rangées parallèles, ce qui devrait toujours être, la houe à cheval renversée ayant ses lames tranchantes tournées en-dehors, de manière à pouvoir couper toutes les racines pivotantes aussi près des navets que possible. La végétation se trouvant ainsi arrêtée, il n'en résultera aucun dommage, ni pour les navets, ni pour la terre. Mais, je le répète, le *placing* est encore préférable. La seule objection qui se soit élevée contre, est le surcroît de dépense qu'il occasionne. Je ne m'arrêterai pourtant pas à cette considération, puisque, dans le cas où l'on ne pourrait pas faire manger la récolte sur place, il faudrait toujours bien faire les frais de transport. Il ne reste donc de plus que la dépense du placement, qui pourra bien entrer en balance avec les dommages que causeraient aux champs des voitures et des chevaux, employés pendant l'hiver pour aller chercher la provision journalière. Du reste, l'expérience a prouvé la supériorité de ma méthode sur les autres; un peu d'habitude la rendra familière, et je ne dois pas craindre que, dans cette circonstance, les hommes à théorie puissent l'emporter sur les praticiens.

Les observations précédentes sont particulièrement applicables aux récoltes de navets semés

sur des terres grasses, argileuses, tenaces, lorsqu'on ne peut les faire manger sur les lieux sans
nuire à la terre; ou lorsque l'on veut, après une
récolte de navets, semer du blé, ou former un
pâturage de gazon transplanté.

Cependant M. Bulling, intendant des fermes
de M. Coke, a employé ce même procédé avec
succès sur des terres légères. Il évite le transport des navets en les plaçant sur le champ
même où ils ont été récoltés.

Les navets sont arrachés et préparés comme
nous l'avons déjà indiqué. Ensuite, traçant au
cordeau et circonscrivant l'espace sur lequel ils
doivent être placés, et dressant bien le terrain,
les navets y sont rangés, ainsi qu'il a été dit, en
une seule couche, les navets se touchant, la
touffe de feuille tournée en-dessus. Le placement étant terminé, on fait, à l'aide d'une charrue, un sillon tout autour, en relevant de la
terre contre les rangées extrêmes; et puis on les
entoure de claies pour les préserver des attaques du gibier.

M. Bulling estime que la dépense est de
4 shellings par acre.

Lorsque les navets doivent être mangés par
des moutons, on parque ceux-ci comme à l'ordinaire, et on leur sert les navets hachés, dans

des auges placées au milieu de leur parc. On
change souvent ces parcs de place, et on a
soin d'étendre sur la terre tout ce qui n'a pas
été mangé. Il résulte de ce procédé une grande
amélioration pour la terre, et même pour les
troupeaux.

MÉMOIRE

*Sur la construction et l'entretien des grandes
routes en Angleterre, adressé au très-honorable président, et aux membres composant
le Bureau d'Agriculture de Londres, en 1819;*

Par M. M'ADAM, esq.

Les devoirs imposés à l'auteur de cet écrit,
en sa double qualité de magistrat et d'individu
revêtu depuis longues années de la commission d'inspecter les grandes routes en Écosse,
furent les premiers motifs qui le déterminèrent
à porter son attention d'une manière toute particulière sur cette branche de l'économie domestique. La disproportion frappante pour tout le
monde, entre la facilité avec laquelle on lève de
grosses sommes pour le service des grandes
routes, d'un côté (1), et de l'autre, les moyens

---

(1) On sait que ce revenu est le produit d'une taxe que
paie chaque voiture, suivant un tarif très-élevé, à des
barrières établies sur toutes les routes, à de très-courtes
distances. Le cochenan sachant d'avance ce qu'il doit

et les soins avec lesquels on cherche à pourvoir à ce que les dépenses s'en fassent d'une manière sage et économique, m'ont engagé à rechercher et à suivre les causes de ce système défectueux, suivi dans la construction et l'entretien de nos grandes routes; et c'est pour pouvoir rédiger le présent mémoire avec connaissance de cause, que je me suis déterminé à parcourir en tous sens une grande partie du pays, depuis Inverness, en Écosse, jusqu'à la pointe la plus méridionale du comté de Cornouailles, ce qui m'a fourni beaucoup d'occasions favorables d'observer tous les différens modes d'établir, de confectionner et de réparer les routes, ainsi que les divers genres de matériaux employés à ces travaux; de comparer les succès résultant des diverses méthodes particulières de faire nos grandes routes dans toute l'étendue du royaume.

Ces anciennes routes n'étaient guère que des sentiers battus par les pas des voyageurs, qui ne cherchaient qu'un sol sec, sans faire aucune tentative pour former par l'art une surface unie et solide. Les chemins actuels n'ont que trop suivi, dans beaucoup de cas, la direction de ces

---

payer, a soin d'en plier le montant dans du papier, et le jette au commis sans s'arrêter.

anciens sentiers de nos grossiers et ignorans aïeux, ce qui rend tout naturellement raison des lignes défectueuses des routes qui se trouvent encore dans toute l'Angleterre (1).

Quand le commerce eut commencé à prendre de l'accroissement, et que les haies plantées pour enclore les champs eurent borné le voyageur à l'usage d'un sentier, il fallut bien songer à confectionner les routes d'après un certain art, et à remédier à l'inconvénient de tomber dans un sol creux, constamment mouillé, sous un ciel nébuleux, tel que l'est notre climat. On combla de cailloutage et de pierrailles la partie qui se trouvait enfoncée, on la releva, et par ce moyen on obtint des routes à-peu-près praticables ; mais on n'adopta point encore de sys—

(1) En revanche, les montées et les descentes sont bien adoucies, car il est extrêmement rare qu'on aperçoive du ralentissement dans la marche des chevaux, soit pour monter, soit pour descendre. Je n'ai vu que très-rarement encore enrayer les voitures, et pourtant les chevaux n'ont pas de reculement. C'est avec le collier, et en relevant fortement la tête, que ceux qui sont attelés au timon modèrent la vitesse de la voiture dans les descentes. Cette raison explique pourquoi les freins à vis ou à levier que j'ai imaginés et appliqués aux grosses voitures, il y a quinze ans, ne sont pas adoptés en Angleterre.

tème régulier d'établissement des chemins; et,
quoique la pratique eût déjà amené une amélioration considérable, cependant on n'avait
point encore appliqué les principes d'une théorie scientifique à cette branche, l'une des plus
importantes de notre économie domestique. On
n'avait encore rien écrit, jusqu'à ce jour, relativement à la surface des routes, ni sur le moyen
d'en faciliter le passage aux voitures, quoiqu'on
ait publié de nombreux volumes pour recommander un grand nombre de restrictions inutiles et une foule d'autres vexations.

Il semble même qu'on n'ait point encore
considéré ce qui est requis pour la bonne
construction d'une route publique, et qu'on se
soit borné à regarder comme suffisant de ramasser une quantité considérable de cailloutages et
de graviers, et de les jeter sur le terrain.

Par malheur, l'opinion s'étant établie et ayant
prévalu, que tout effort de la science était absolument inutile dans la confection et l'entretien
des grands chemins, la profession de terrassiers
constructeurs de routes est devenue des dernières et des plus méprisables dans la société; et
l'on croit à présent, d'après ce préjugé, qu'elle
est parfaitement assortie à l'étroite capacité du
ga on de charrue le plus ignorant.

Cette façon erronée d'envisager et de présenter les choses a donné lieu à la fatale erreur de confier le soin de surveiller les chemins de traverse et vicinaux, ainsi que la dépense actuelle des sommes levées annuellement sur le public pour leur entretien, à des inspecteurs choisis dans les classes inférieures et les moins lettrées de la société. L'expérience n'a que trop fait voir que le contrôle exercé sur ces gens-là par des commissaires vérificateurs, était très-insuffisant pour suppléer à leur manque d'instruction. Un certai n nombre de gentleman constituait un bureau d'administration et de surveillance. L'ignorance universelle où l'on est des principes de la construction des routes, et les occupations et affaires particulières de messieurs les commissaires surveillans en chef, les rendent totalement impropres à s'enfoncer dans les détails minutieux de la chose, ou à exercer ce contrôle actif et vigilant, indispensable pour conserver et maintenir l'économie sans mesquinerie, dans tout le cours d'une dépense si compliquée et si étendue.

Ainsi donc, d'après les deux causes que je viens d'assigner, le manque de tout principe scientifique dans la construction des routes, et celui d'éducation, de rang et de caractère dans les officiers par les mains desquels passe l'argent pour arriver à sa destination, est résulté l'état détestable des grands chemins de la Grande-Bretagne.

Les chemins à tournebride, ou chemins vicinaux et de traverse de l'Angleterre et du pays de Galles, n'ont pas moins de 25,000 milles d'étendue, et coûtent par an environ un million et un quart pour les entretenir dans leur état actuel tout-à-fait défectueux. La dette sur le tout ne pourra guère être estimée au-dessous de 7 millions de livres sterling; probablement même elle excède cette somme, tandis que les nombreuses réclamations en forme de pétitions présentées tous les ans au parlement contre l'accroissement des droits d'accise, démontrent que cette portion énorme de la dette nationale s'accroît et s'accumule avec une effrayante rapidité.

Il s'écoula nécessairement un grand nombre d'années avant que les efforts d'un individu privé pussent lui faciliter une instruction suffisante pour le mettre en état de réduire ses observations en quelques maximes, adages, ou aphorismes pleins de sens et de substance, relativement à une branche du service public d'une étendue si prodigieuse, et où l'ignorance des officiers chargés de l'exécution rendait les communications qu'ils pouvaient donner d'une si mince valeur, tandis que ce peu même d'instruction était souvent trompeur, et plus propre à égarer qu'à guider, et presque toujours transmis aux gouvernemens à contre-cœur, et comme malgré soi. Les plans suivans, que je propose pour la confection, le rétablissement et l'entretien des grandes routes de la Grande-Bretagne, et la garantie du bon emploi des fonds qui y sont affectés, sont le résultat des réflexions de trente années entières.

Une route doit être envisagée comme un parquet artificiel étendu sur le sol naturellement moite et mou que nous habitons. Ce parquet ou plancher artificiel exige beaucoup d'art et de loyauté dans le choix, la fourniture et la préparation des matériaux destinés à le confectionner, ainsi que dans leur distribution, de manière à établir ce qu'on appelle nommément une surface forte, unie, sur laquelle des charrettes chargées puissent rouler sans courir le danger de tomber dans des creux ou trous qui s'ouvriraient dans le sol de dessous ou à la surface, ou de rencontrer des obstacles capables d'augmenter le tirage des animaux.

Le premier objet qu'on doit se proposer est la solidité ; elle s'obtient par la quantité et qualité des matériaux bien employés. A cet égard, toutes les anciennes routes du royaume que l'auteur de ce mémoire a défoncées et remises en bon état, lui ont fourni généralement un approvisionnement de bons matériaux pour plusieurs années.

Quant à la seconde qualité, celle d'être bien dressée et unie, ainsi que bien solide, on ne saurait l'obtenir que d'un choix propre, et d'une bonne et convenable préparation et distribution des matériaux. Il n'y a que les corps fermes et solides que l'on puisse dresser et unir parfaitement ; il faut par conséquent que les matériaux dont on compose un chemin soient réduits à une taille ou volume tels, que la manière dont ils sont concassés permette aux charrettes de passer dessus sans heurter contre, en sorte qu'ils puissent être consolidés par une pression perpendiculaire. Il n'est pas nécessaire pour cela que les pierres dont est formé le chemin, et sur lesquelles passent les roues, soient aussi larges que les jantes de ces mêmes roues : car l'expérience a démontré que ces morceaux de pierre ne doivent être que d'environ un pouce cube. Quand les pierres des routes excéderont cette dimension, les roues des charrettes les tiendront dans un mouvement continuel, et les empêcheront ainsi de se consolider. Une roue de voiture ne passant que sur une partie de la pierre, fait nécessairement culbuter celle-ci ; alors il s'ensuit dérangement. Mais si une roue se dirige droit sur une trop grosse pierre, elle la heurte fortement, la pousse devant elle, avant qu'elle puisse passer dessus ; alors il y a encore dérangement, sans compter l'empêchement que cela apporte au mouvement de la roue, et le dommage qu'elle en éprouve, ainsi que le chemin. De là il résulte que toute pierre ou tout caillou au-dessus de la grosseur spécifiée, est absolument nuisible dans la confection des routes ; tandis qu'au contraire les roues des charrettes raffermiront un chemin fait avec des matériaux bien choisis et mis en bon ordre, sans éprouver elles-mêmes aucun cahot ou choc, et par conséquent sans cette action et réaction entre les roues et les pierres, qui sont la cause réelle de l'état détestable dans lequel se trouvent actuellement les grands chemins de la Grande-Bretagne. Quand on voit une route grossière et cahoteuse, on peut affirmer qu'elle est faite de fragmens de pierre trop gros et mal concassés ; c'est entièrement la faute des ouvriers terrassiers.

Quelques personnes ont prétendu, en faveur

de l'emploi de gros matériaux, que les roues de charrettes ne tardaient pas à les briser et à les concasser convenablement ; mais, en supposant même cette assertion bien fondée, il ne serait pas difficile de prouver que les roues de charrettes sont les marteaux (ou demoiselles) les plus dispendieux que l'on puisse jamais employer dans les travaux publics ; mais, en outre, c'est qu'il n'est pas vrai que ce concassement ou pilage des materiaux soit effectivement exécuté par ces mauvais marteaux substitués aux bons : car les roues, en passant entre et sur les pierres, les dérangent ou les réduisent en sablon, au lieu de les mettre en morceaux du volume convenable. Le même argument s'applique également bien à une opinion communément reçue, que le brisement des petites pierres amène plus tôt qu'il ne le faudrait le frottement, et conséquemment use la croûte supérieure de la route avant le temps ; tandis qu'au contraire il y a beaucoup plus de frottement sur une route grossière et inégale, que sur une parfaitement nivelée et unie.

Il faut se garder soigneusement, dans la confection d'un chemin, de mêler la pierraille avec du sable ou de la terre ; celle-ci conservant l'humidité, gèle dans les saisons froides, se délaie dans les temps pluvieux, et forme de la poussière en temps sec. Mais il n'en est pas de même de la pierraille propre, bien sèche et sans mélange ; elle ne saurait être altérée par aucune variation de l'atmosphère, et une route bien faite se trouvera également bonne dans toutes les saisons.

Jusqu'à ce qu'une main puissante, à l'action de laquelle tout doive céder, ait rendu uniforme le système de confection et de réparation des chemins, en l'assujettissant à un plan déterminé par une théorie vraiment digne du nom de savante, et en empêchant les diverses compagnies et associations d'hommes chargés et garans de la confection de nos routes de se disputer à l'envi l'achat des matériaux, comme cela se fait actuellement dans les environs de Londres, tous les petits palliatifs apportés au mal par les actes réglementaires se trouveront des remèdes absolument insignifians, et l'on verra se reproduire les têtes de l'hydre, c'est-à-dire la nuée de gens commissionnés par le gouvernement, dépensant des sommes immenses pour nous gâter nos routes, en les encombrant de grosses pierres amalgamées avec de la terre, ou d'autres matériaux aussi nuisibles. Quelle que puisse être la forme des roues de chariot exigées par la loi, de la part des rouliers, pour voyager sur de pareils chemins (notez qu'à présent ils marchent sur les bas-côtés), ces sortes de roues continueront d'agir comme des socs de charrue, en creusant de profondes ornières, écorchant et déchirant la surface de ces chemins.

Quand la nécessité d'adopter un système régularisé par la science, pour la confection et l'entretien des grands chemins à travers tout le royaume, aura été bien sentie par la législature, il restera un autre grand acte public à faire pour en assurer le succès.

La législature a confié le soin des affaires, concernant les routes locales, à des commissaires choisis dans chacune des communes du royaume, parmi les sujets qu'elle a jugés les plus dignes de sa confiance. Il était en effet impossible de mettre ce grand dépôt dans des mains qui n'auraient pas offert une certaine garantie de la stricte exécution de leurs devoirs. Mais il paraît que ces commissaires sont, par différentes causes, incapables de l'infatigable vigilance requise dans des officiers chargés de l'exécution de travaux importans. Il n'en est pas de même de toute autre branche du service public; ayant à surveiller la dépense de sommes considérables, elle est ordinairement placée sous l'inspection constante d'hommes revêtus d'un certain caractère, et occupant un rang honorable dans la société. La portion du revenu public affectée aux routes reste sans aucune protection efficace contre les déprédations et les gaspillages de l'indélicatesse et de l'ignorance réunies.

Le remède que j'ai à proposer, est de confier la direction scientifique de ces travaux à des officiers responsables, occupant dans la société le rang que l'on désigne par la qualification de gentleman ; de placer des sous-surveillans ou sous-piqueurs de ces ouvriers, sous les ordres de ces gentlemans, sur le rapport desquels les commissaires du gouvernement pourront se reposer avec sécurité pour choisir des personnes de mérite et dignes de leur confiance, dans l'exercice des fonctions de sous-surveillans, et par l'habileté et l'expérience desquels ces surveillans peuvent être d'abord instruits et dirigés, de manière à les mettre en état de s'acquitter convenablement de leurs devoirs.

Le système de confection et d'entretien des routes, pratiqué jusqu'à présent, a eu le fâcheux effet de repousser tout effort pour acquérir de l'habileté, et de s'opposer à tout développement de connaissances théoriques liées avec cette branche de service public. On doit actuellement engager des hommes ayant reçu une éducation, ayant un caractère éprouvé et occupant un certain rang dans la société, à accepter les places d'inspecteurs généraux de comtés ou de districts, en leur faisant donner les encouragemens convenables par le pays, et rendant leur profession digne de considération et raisonnablement lucrative.

Le soin et l'entretien des routes du royaume ne doivent jamais être ôtés, pour l'avantage du public, aux commissaires établis, et conséquemment la nomination aux fonctions de surveillans généraux, et des autres officiers de cette branche de service, doit rester au gouvernement; mais il sera nécessaire, pour obvier au danger de l'abus du patronage, de confier l'inspection générale des routes à quelque département ou bureau d'administration du gouvernement; et, dans ce genre, celui qui semble avoir la liaison la plus directe et la plus naturelle, est évidemment le bureau de la poste (*poste-office*), ainsi que la voix publique l'a déjà décidé, que c'est à cette autorité que la surintendance devait en être dévolue et remise, par une commission spéciale désignée sous le titre de *directeur général des maîtres de poste.*

Ce département additionnel doit être investi d'un pouvoir discrétionnaire, lui conférant la faculté de suspendre les officiers en cas de négligence ou d'inconduite; et il serait en outre tenu de faire un rapport sur l'état des routes, dans chaque district, leur étendue, les altérations et les changemens qui peuvent y avoir été faits, etc., avec une copie ou état des comptes, et un résumé ou balance de l'état des finances, qu'il transmettrait tous les ans, par l'inspecteur général, au bureau des postes, afin de les mettre sous les yeux de la Chambre des communes.

Une louable ambition d'exceller étant ainsi excitée par la perspective d'un avancement et promotion à des fonctions plus élevées, les fils des gens bien nés se trouveront tout naturellement engagés à acquérir l'instruction et l'habileté nécessaires pour se vouer à cette profession et s'en faire un état. Quoiqu'il puisse arriver, d'après des circonstances locales, que quelques personnes inscrites sur la liste des individus à employer méritent plus que d'autres la confiance qu'on aura en eux, eu égard aux places qu'ils occupent, il est néanmoins impossible de regarder l'intérêt public comme plus en sûreté dans leurs mains, qu'en celles d'un homme bien né, qui se livre à cette profession.

La dépense d'un pareil établissement ne pa-
raîtra être que ce qu'elle est en effet, pour peu
qu'on la compare avec les sommes immenses
perdues annuellement pour le public, par le
mauvais emploi des fonds consacrés à ces travaux. Toutes les fois que l'auteur de ce mémoire
a été appelé pour examiner les affaires d'une
compagnie ou société de capitalistes entrepreneurs de routes, et pour essayer de faire quelque raccommodage ou amélioration dans les
routes ou les chemins faisant partie de l'entreprise d'une compagnie, ou régie intéressée, il
s'est toujours convaincu, par des preuves incontestables, qu'un tiers au moins des fonds avait
été dépensé d'une manière non profitable, et
quelquefois même nuisible à l'entreprise. Une
dîme, prélevée sur le numéraire ainsi gaspillé,
suffirait à doter libéralement un établissement
qui ne manquerait pas de finir par effectuer une
réformation générale des grands chemins dans
toute l'étendue du royaume. La dépense considérable qui pèse sur le public, en consommation de chevaux et de voitures, occasionnée par
l'état déplorable dans lequel se trouvent actuellement les grands chemins, quoiqu'elle soit
un fardeau qui ne tombe qu'assez graduellement, et petit à petit, sur tous les rangs de la

société, et pour ainsi dire assez insensiblement pour qu'on n'y pense pas, est pourtant, à mon avis, un sujet qui mérite l'attention de la législature. La somme ainsi perdue pour la nation, a été estimée, par un comité de la Chambre des communes, en 1811, à 5 millions de livres sterling par an.

Les soumissionnaires de la poste aux lettres trouvent une extrême difficulté à remplir leurs engagemens, et toujours par la même cause. Nonobstant la destruction des chevaux (chose pénible pour les personnes humaines), qui se ruinent et se tuent à tirer les voitures contenant les malles aux lettres, il est presque impossible, sur quelques routes, de parcourir la distance dans le temps donné et calculé à cet effet (1).

Quoiqu'on ne puisse révoquer en doute l'indispensable nécessité de quelque contrôle et surveillance de l'autorité publique sur toutes les grandes routes et chemins du royaume, ce n'est pourtant qu'avec une grande défiance que l'on suggère et insinue quelques idées ou aper-

______

(1) Un courrier de la malle doit passer à des heures précises, à tels ou tels endroits désignés, sous peine de perdre sa place.

çus relativement à la manière la plus convenable d'exercer ce contrôle et cette surveillance. On espère généralement que l'importance du sujet appellera l'attention de personnes beaucoup plus habiles que moi. Quant à la partie du système qui est relative à la confection des routes et à la nomination et mise en activité des inspecteurs généraux de districts, l'auteur du présent mémoire en parle avec cette conviction qu'il doit à son expérience actuelle.

Lorsque l'auteur de ce mémoire fut libre d'employer tout son temps au service public, les commissaires chargés des routes d'embranchement et chemins vicinaux du district de Bristol furent engagés, par une personne de leur connaissance, qui était en même temps l'ami de l'auteur, à confier à celui-ci la direction suprême et l'inspection générale de toute leur entreprise. Cette proposition ayant été acceptée, et l'auteur de ce mémoire étant fortement et efficacement secondé par l'esprit de loyauté et de patriotisme de MM. les commissaires, commença l'ouvrage de la réforme. Leur appui invariable lui fit surmonter toutes les difficultés, et le mit en état de l'étendre aux détails les plus minutieux, relatifs à la confection et à l'entretien des routes.

Pendant les trois années qu'il a exercé les fonctions de surveillant et d'inspecteur général, un vaste champ d'observation s'est ouvert à ses yeux. Il a sur-tout senti et éprouvé toutes les difficultés d'une profession qui exige, dans celui qui l'excerce, beaucoup de connaissances théoriques et pratiques, et une grande habitude du maniement des affaires, afin de concilier et de méuager les intérêts de tout le monde. La confiance qu'il pouvait avoir en ses propres talens et en son habileté comme ingénieur des ponts et chaussées, s'est singulièrement réduite et diminuée en lui; il n'en sent que mieux l'urgence de n'employer à ces travaux que des officiers d'une éducation soignée et d'un caractère bien noté et bien connu dans la contrée. Un grand nombre de choses qui lui paraissaient propres et convenables dans la théorie, se sont trouvées inutiles et non profitables dans la pratique; et d'autres, d'une utilité trop évidente pour pouvoir en douter, ont été rendues d'une exécution difficile et presque impraticable par les obstacles qu'y ont apportés les préjugés et l'ignorance, obstacles que rien ne peut surmonter efficacement que le temps et le talent exercé, sous le soin et la vigilance encourageante d'une législation éclairée et amie du bien public.

Réparation des anciennes routes.

On ne doit point apporter de supplément de matériaux sur une route, à moins de s'être assuré qu'il y a des parties de cette route où l'on ne trouve pas une quantité de pierraille pure et sèche, non mêlée de terre ou sable, d'une épaisseur égale à 10 pouces.

La pierre qui se trouve déjà sur la route doit être arrachée ou dégagée de l'encaissement et reconcassée de manière qu'il n'y ait pas de morceaux qui excèdent un poids de 6 onces.

Alors, il faudra dresser la route aussi plate et unie qu'il sera possible de le faire, en faisant attention d'élever le centre de 3 pouces de plus que les côtés, ce qui est suffisant pour une route de 13 pieds de largeur.

Les pierres, lorsqu'on les aura arrachées ou désencaissées du chemin détérioré, et éparpillées sur sa surface, doivent être ramassées et amoncelées sur le côté de la route, par le moyen d'un fort et pesant râteau, ayant des dents de fer de 2 pouces et demi de longueur : là, on les brisera ; mais on ne souffrira jamais qu'on les concasse sur la route à réparer.

Quand on aura écarté des matériaux les trop gros cailloutages, et qu'on n'en aura pas laissé qui excèdent 6 onces, il faudra parer le fond de la route, ce qui se fera au moyen d'un râteau à dents de fer, qui ramènera en même temps à la surface la pierraille qui s'y trouverait encore, tout en la dégageant de la boue, dans laquelle elle pourrait se trouver perdue.

Le fond de la route ayant été ainsi préparé, on y ramènera et répandra, en la distribuant soigneusement, la pierraille ou le cailloutage que l'on aura concassé sur les côtés. C'est une opération délicate, et qu'il faut faire avec des précautions d'autant plus minutieuses, que la qualité future de la route dépendra en grande partie de la manière dont on l'aura exécutée. On ne doit pas répandre la pierre, ou, pour mieux dire, la déposer à pleines pelletées; mais on doit l'éparpiller sur la surface, une pleine pelletée suivant immédiatement la précédente, et le tout étant bien disséminé et épars, de manière à recouvrir une portion considérable de la surface du chemin.

On ne relevera à-la-fois qu'un petit espace de la route (10 ou 12 pieds). Cinq ouvriers de la troupe y travailleront de front et dans le sens de sa longueur. Deux hommes continueront à faire le triage du trop gros cailloutage, à le ramasser au râteau, ainsi qu'à former et façonner le fond de l'encaissement de la route, et à le rendre propre à recevoir la pierraille et le cailloutage concassé. Trois autres seront employés à exécuter l'opération du brisement des trop gros morceaux. Il faudra aussitôt éparpiller et étendre cette pierraille ainsi préparée sur la partie de la route destinée à la recevoir et à l'encaisser. On procédera ensuite à repiquer ou dégager une autre portion de la route.

Proportionner ou distribuer l'ouvrage entre les cinq derniers ouvriers, doit être, comme on le conçoit bien, une chose réglée par la nature ou l'état de la route. Quand il y aura beaucoup de très-grosses pierres, les trois terrassiers occupés à les briser ne pourront suffire à tenir de l'ouvrage prêt pour fournir des matériaux au fur et à mesure aux deux autres ouvriers qui forment la route, la disposent à l'encaissement des pierres, etc. Le contraire doit avoir lieu quand la pierraille se trouve généralement de la grosseur à-peu-près requise. C'est ce dont l'inspecteur ou surveillant des ouvriers doit juger, et qu'il doit diriger.

Mais, en même temps qu'il est recommandé de relever et réaplanir les routes qui ont été construites avec des pierres ou caillous excédant la bonne proportion, ou avec de grosses pierres mêlées de terre, d'argile, de chaux, ou d'autres matériaux de mauvaise qualité, il ne faut pas perdre de vue qu'il y a un grand nombre de cas où il serait extrêmement peu profitable, et peut-être même nuisible, de relever et de réaplanir la route, quand bien même les matériaux employés originairement auraient été trop gros, mal choisis et hors de proportion.

La route entre Cirencester et Bath est faite en pierre excédant la bonne proportion ; mais elle est en même temps d'une nature tellement friable, qu'en la repiquant pour la relever, elle se brise en petites parties, et devient une espèce de sablon ou gravier. Dans ce cas, je recommande de couper et de battre en place les gros morceaux qui hérissent la route, de manière à rendre sa surface unie ; d'user ainsi, par degrés, les mauvais matériaux qui composent cette route, et de les remplacer en y substituant de la pierre de meilleure qualité et mieux préparée.

Il existe, dans le même district de Bath, une partie de route faite en pierraille et cailloutage qui, n'étant liés par rien, n'offrent aucune consistance, et sont comme abandonnés à eux-mêmes. Il serait tout-à-fait impossible de laisser cette route dans cet état.

A Egham, dans le comté de Surrey, on a été obligé de retourner la totalité de la route pour séparer les bons matériaux d'avec les mauvais. Cette opération fut longue et fort dispendieuse. On n'en retira qu'une très-petite quantité de bons matériaux, qui servirent, avec les nouveaux, à reconstruire les routes sur les mêmes emplacemens.

D'autres cas de différentes espèces se sont présentés, qui exigeraient chacun des méthodes différentes. On peut en conclure qu'il est impossible de déterminer *à priori*, d'une manière fixe et invariable, les mesures à adopter en toute circonstance. C'est à l'ingénieur qui préside à la confection ou à la réparation de la route, à faire choix des moyens les plus propres à remplir le but, sans toutefois s'écarter des principes généraux publiés sur cette matière, principes qu'un ingénieur habile prend toujours pour guide, mais qu'il sait faire plier aux diverses circonstances, quand le bien du service l'exige.

Quand il faut un supplément de pierraille et de cailloutage pour réparer un chemin, qui s'est consolidé dans sa majeure partie par l'usage, il faut repiquer et dissoudre, au moyen du pic, sa surface, afin d'incorporer plus facilement les nouveaux matériaux avec les anciens.

Des chariots quelconques, quelle que soit la construction de leurs roues, ne manqueront pas de creuser des ornières dans la nouvelle route, jusqu'à ce qu'elle se trouve consolidée. Ce résultat est infaillible, quelque bien préparés que soient les matériaux, et quelque judicieux emploi qu'on en ait fait. En conséquence, un constructeur soigneux attendra qu'il y ait déjà quelque temps que la route ait été mise à l'usage du public, pour faire effacer, en les ratissant, les traces des roues.

La seule et unique méthode convenable pour briser les pierres et cailloux, soit d'une manière efficace, soit d'une façon économique, est de faire exécuter cette opération par des personnes assises. Ces ouvriers placent devant eux les pierres en petits tas, que des femmes, des enfans ou des vieillards leur apportent, après avoir fait subir à ces mêmes pierres un premier brisement avec de gros marteaux. C'est ensuite avec de très-petits marteaux à une seule main qu'on finit de les réduire en petits morceaux, dont le poids de chaque ne doit pas excéder 6 onces, ou à-peu-près un pouce cube, comme on l'a déjà dit.

Les outils à employer sont :

Une forte pioche avec une pointe aiguë et

court emmanchée, dont on se sert pour relever les routes ;

De petits marteaux en fer, dont le poids est d'environ 8 onces, ayant une tête acérée et d'un pouce environ de diamètre, servent à concasser la pierraille ;

Des râteaux à têtes en bois, d'environ dix pouces de longueur, armés de dents en fer, d'environ 2 pouces et demi, très-fortes, pour ramasser et entraîner la pierraille et même les cailloutages un peu gros, lorsqu'on a défoncé et brisé la route, et pour l'unir et l'entretenir plate, après qu'elle a été regarnie d'un nouveau lit, et que le rencaissement se consolide ;

De très-légères pelles à bouches larges et évasées, pour ramasser et répandre la pierraille et le cailloutage concassé pour former la route.

Tout chemin doit être confectionné de pierraille et cailloutage brisés, sans aucun mélange de terre, d'argile, de chaux, ou d'aucune autre matière susceptible de s'imbiber d'eau, ou d'être affectée par la gelée. Il ne faut rien jeter sur cette matière propre et pure, sous prétexte de lui servir de ciment ou de liaison ; la pierre ou le caillou brisé se combinera de lui-même par l'emboîtement de ses angles et la juste proportion de ses côtés, et formera ainsi une surface unie et solide, qui ne sera point sujette à être affectée par les vicissitudes de l'atmosphère, ou déplacée par l'action des roues des voitures ou des pieds des chevaux.

Prix.

Le prix, pour relever une route crevassée et trop dure, en brisant et concassant la pierraille et les cailloux, en refaisant la route et en unissant sa surface, en nettoyant les fossés, en remplaçant la pierre qui peut manquer, et ne quittant le travail à faire sur la route à réparer, que quand tout est parfaitement fini et trouvé d'un bon usage ; le prix, dis-je, est d'un penny à 2 pences par yard superficiel, en supposant qu'on ait relevé la route à 4 pouces de profondeur. La variation du prix dépend, au reste, du plus ou du moins de pierrailles et cailloutage à faire concasser (1).

A 2 pences par yard, un chemin de 6 yards de largeur, coûtera par conséquent un shelling par yard courant, ou 88 liv. sterling par mille.

---

(1) Un penny = 2 sous de France.

Deux pences = 4 sous.

Un yard superficiel = un mètre superficiel à-peu-près.

On doit rendre unie et solide, à ce prix, toute route dégradée, à moins que sa construction primitive ne soit extrêmement vicieuse, et qu'elle n'exige une addition de cailloutage, ou quelque changement un peu important dans sa forme.

Le brisement et le concassage ont été réduits de prix par l'emploi de marteaux plus convenables, mieux appropriés à cette besogne, et par la mesure adoptée de faire travailler assis les ouvriers.

Les commissaires, à Bristol, étaient dans l'usage de payer 15 pences par tonneau de pierre à chaux tirée de la ville de Durham, pour l'employer sur leurs routes; ils la brisaient en morceaux pesant environ 20 onces. On tire aujourd'hui cette pierre à chaux en morceaux de 6 onces, du même endroit, à 10 pences par tonneau, et les ouvriers s'empressent de passer marché pour la fournir à ce prix, parce que le gros ouvrage se fait par les hommes, et celui qui est moins pénible par leurs femmes et leurs enfans, avec de petits marteaux à casser le cailloutage, comme ceux dont nous avons parlé, de sorte que la totalité de la famille y trouve du travail.

A Sussex, la diminution dans les prix est encore bien plus considérable. Le brisement de la pierraille, qui coûtait autrefois 2 shellings par tonneau, n'en coûte aujourd'hui que la moitié, grâces à l'introduction d'une meilleure méthode, et à l'emploi d'outils mieux appropriés à ce travail.

On a également réussi à diminuer singulièrement la quantité de pierres et de cailloux nécessaires aux routes, par une préparation et un emploi plus judicieux et mieux raisonnés de ces matériaux, ce qui épargne une grande partie des frais. L'économie qui en résulte est d'autant plus profitable, qu'elle porte sur les transports, qui ne peuvent avoir lieu que par le moyen de chevaux, sans rien diminuer de la portion du travail réservée aux hommes ; de sorte que des garçons, depuis l'âge de dix ans et au-dessus, des femmes et des vieillards encore valides, trouvent de l'occupation et leur existence dans ces travaux. La proportion du travail des hommes à celui des chevaux, était, dans le district de Bristol, ainsi répartie autrefois : un quart de travail exécuté à bras d'hommes, et les trois autres quarts par des chevaux, tandis qu'actuellement, dans un meilleur système, et une proportion infiniment plus avantageuse aux besoins des indigens, on est parvenu à renverser exactement les termes de la proportion : car on a payé, pendant une demi-année, savoir : pour salaire d'hommes, de femmes et d'enfans, 3,088 livres, et pour loyer et emploi de chevaux, 1,035 livres.

Cet immense avantage se présente à chaque pas dans cette contrée, où les routes ont toutes besoin d'être plus ou moins réparées.

On a déjà pourvu à la levée de fonds considérables, dont on se propose de faire un usage profitable, quoiqu'au moment où nous écrivons, ils se trouvent en général mal employés dans presque toutes les parties du royaume, tandis que les ouvriers languissent et soupirent après les travaux et les profits que devraient leur fournir ces occupations.

Preuve du cas que font les Anglais du mérite du système de M. M'adam, pour la confection et l'entretien des routes.

A une assemblée générale d'entrepreneurs, tenue conformément à un avertissement public, dans la salle du comté de Lewes, le 28 septembre 1818, sous la présidence du très-honorable comte de Chichester, il a été résolu à l'unanimité :

1º. Que cette assemblée ayant pris lecture du rapport rédigé par M. Campbelle, inspecteur général , et ayant seul l'examen des divers comptes, est parfaitement satisfaite de la conduite de l'inspecteur général, tant pour l'amélioration des routes et leur perfectionnement, que pour l'économie dans la partie des fonds qui y ont été employés ;

2°. Que l'opinion de cette assemblée est qu'il faut préparer un état général des affaires relatives aux routes, pour le soumettre aux entrepreneurs ou dépositaires des fonds y applicables, et en envoyer des exemplaires à chacune des paroisses auxquelles on a fait un appel de fonds pour leur rétablissement ;

3°. Que les remercîmens de cette assemblée sont présentés par elle au très-honorable comte de Chichester, pour la manière distinguée dont il s'est acquitté de la présidence, et pour l'attention qu'il a donnée aux affaires dont l'assemblée avait à s'occuper, et plus particulièrement encore pour l'introduction du système de confection, de réparation et d'entretien des routes, imaginé par M. M'adam, esq., système qui a si essentiellement amélioré les routes, et dont il est probable que le pays en général retirera tant d'avantages.

LETTRE

De M. Everest Clerk à M. M'adam, esq.

Epsom, 22 décembre 1818.

Monsieur,

Je suis chargé par MM. les entrepreneurs des routes (*trustees*) d'Epsom et du tournebride d'Ewell, de vous adresser les remercîmens qu'ils reconnaissent vous devoir pour l'utile assistance que vous avez bien voulu leur prêter dans les travaux de réparations et d'améliorations des routes confiées à leurs soins.

Je suis, etc.

EVAN THOMAS AU MÊME.

Cardiff, 5 décembre 1818.

Monsieur,

En ma qualité de président ou d'occupant le fauteuil de l'assemblée des trustees ou entrepreneurs des chemins de tournebride du district de Cardiff, tenue aujourd'hui, je suis chargé d'être leur interprète, et de vous faire tous leurs remercîmens, pour l'obligeance et la manière distinguée avec lesquelles vous leur avez consacré votre temps et

vos soins infiniment précieux, en venant inspecter les travaux de leur ligne de route, et plus
particulièrement encore pour l'introduction et
la mise en pratique des instrumens les plus
propres à cet objet. Ils se prévalent en ce moment, en recommandant à votre attention bien-
veillante M. Edward Beran, porteur de cette
lettre, qu'ils ont choisi pour remplir les fonctions d'inspecteur des routes confiées à leurs
soins, nomination qui aura lieu du moment où
vous l'aurez reconnu capable, d'après les travaux auxquels il va se livrer pendant quelque
temps sous votre direction.

L'assemblée générale des trustees chargés du
soin de plusieurs routes aboutissant autour de la
ville et de la cité de Bristol, tenue le 7 décembre
1819, sous la présidence de M. Thomas Daniel,
esq., a pris la résolution suivante : Considérant
que la nomination de M. M'adam aux fonctions d'inspecteur général des grandes routes,
n'était que pour trois années, qui expirent le
16 janvier prochain, il a été décidé à l'unanimité que le susdit M. M'adam serait renommé à
ces mêmes fonctions pour un terme ultérieur de
trois années ; il a été également résolu à l'unani-

mité, que des remercîmens lui seront faits pour
le zèle et l'habileté avec lesquels il s'est acquitté
des devoirs assez difficiles de son office, d'où
sont résultés les avantages les plus importans
pour les routes qui se trouvaient dans le ressort
de son inspection.

OBSERVATIONS

*Sur la construction et la réparation des chemins
vicinaux et autres;*

Par F. BLAIKIE d'Holkham.

Je profite de l'occasion qui se présente pour
consigner ici quelques observations sur la construction des routes, particulièrement dans le
Norfolk. Quoique ce sujet soit du domaine de
l'économie rurale, il arrive néanmoins très-rarement que ceux qui y sont le plus intéressés se
donnent la peine d'y faire aucune attention.

Dans une province comme le Norfolk, où le
terrain est en général sec et léger, où les matériaux pour la construction des routes sont abon-

dans, on fait et on entretient les chemins avec
beaucoup moins de peine et de dépense que
dans tout autre pays moins favorisé sous ce rapport ; aussi les trouve-t-on, à quelques petites
exceptions près, généralement en bon état.

Dans la première formation des routes, il
faut apporter une grande attention à bien des-
sécher le terrain qu'elles traversent, en donnant, au moyen de fossés qui règnent parallèlement à droite et à gauche, et de *cassis* ou in-
flexions qui les traversent obliquement, un
écoulement aux eaux, tant pluviales que de
source.

Plusieurs savans distingués ont différé d'opinion sur la forme qu'il convient le mieux de
donner à la surface des routes. Les uns la veulent
concave, les autres la veulent convexe. Chacun
appuie son opinion de raisonnemens fondés. Les
restes des routes romaines qui existent encore
dans ce pays, nous font voir que ce peuple avait
généralement adopté le principe concave, avec
le système des cassis. Dans les temps modernes,
le célèbre Bakewell de Dishley, dans le Lan-
cashire, si cher à la mémoire des cultivateurs,
s'était déclaré partisan des routes concaves, ainsi
que son ami M. Wilkes du comté de Derby.

Plusieurs chemins de cette espèce ont été cons-
truits dans l'intérieur du pays, sous la direction
de ces deux savans, et l'expérience a suffisamment
fait connaître l'excellence de ce système, qui
a été ensuite adopté par plusieurs autres ingé-
nieurs. Quand ces routes ont manqué, on a pu
reconnaître que c'était la faute des matériaux
employés, que le terrain était mauvais, ou qu'on
ne l'avait pas suffisamment desséché. Mais, en
général, on les trouve meilleures et plus convenables que les routes bombées ou convexes,
parce que les chevaux, et par conséquent les
voitures qu'ils traînent, suivent plus facilement
et plus constamment le milieu d'une route concave. Alors, la charge se partageant également,
ou à-peu-près, sur chaque roue, il en résulte
moins de dégradations pour la route. Il n'en est
pas de même d'un chemin par trop bombé. Il
est impossible de maintenir constamment sur
son milieu une voiture fortement chargée. Pour
peu qu'elle s'en écarte, elle penche ; alors, le
poids étant supporté, pour ainsi dire, tout entier
sur une des roues, peut la briser, ou tout au
moins lui fait creuser des ornières profondes.
Celles-ci, à la première pluie, se remplissant
d'eau qui y croupit, pénètre jusqu'au fonde-

ment, et lorsqu'une nouvelle voiture vient à suivre les mêmes traces, elle les approfondit davantage, et va quelquefois même jusqu'à couper entièrement la route, qui n'a plus, dans cet endroit, de consistance.

On doit apporter un soin tout particulier dans la construction des routes convexes, dans le choix des matériaux, et sur-tout dans leur mise en œuvre. Il ne faut pas négliger de détruire et d'effacer les ornières à mesure qu'elles se forment, afin de forcer les eaux à découler sur les côtés; car il est rare de voir une route de cette espèce avoir un écoulement dans le sens de la longueur. Nos constructeurs s'imaginent qu'il est impossible que l'eau séjourne sur une surface convexe.

Les ornières ne se forment pas si facilement dans les chemins concaves, et par conséquent leur entretien est moins dispendieux que celui des chemins convexes. L'eau prenant naturellement son cours par le milieu, depuis le point le plus élevé jusqu'au plus bas, se jette à ce dernier endroit dans les fossés de côté, par les cassis pratiqués à cet effet.

On peut également blâmer la forme par trop concave de quelques-unes de nos routes; mais ce n'est pas ici que j'en veux faire sentir l'inconvénient. Mon objet actuel est de signaler les erreurs dans lesquelles on est tombé en exagérant tellement la convexité des routes, que bien souvent les voitures des voyageurs courent les risques de verser.

La forme que je recommande tient le milieu entre les deux extrêmes. Le centre de la route peut s'élever un peu au-dessus des côtés ; mais, ce qui est principal et de rigueur, c'est l'écoulement des eaux dans le sens de la longueur de la route. Cette disposition est si nécessaire, **que,** quand il arrive que la base du chemin est de niveau, il faut établir, suivant sa direction, une pente artificielle ; et si une descente était prolongée tellement qu'on pût craindre qu'une trop grande masse d'eau vînt en dégrader les parties inférieures, il faudrait la dériver alors en plusieurs endroits sur les côtés, pour en rendre les effets moins destructeurs.

La base d'une route neuve étant creusée, on aura soin, avant d'y jeter la pierraille, d'y passer le rouleau de fer fortement chargé, et de faire disparaître absolument toutes les inégalités qui pourraient s'y trouver (1). M. Blaikie

______

(1) J'ai vu, à Leeds, passer sur la pierraille même d'une route nouvellement établie, un rouleau de fonte de fer,

donnant ici des instructions qui ne diffèrent pas essentiellement de celles déjà énoncées dans le mémoire de M. M'adam, nous nous abstenons de les répéter. Seulement il se récrie beaucoup contre l'usage qu'on a, dans certains pays, surtout dans le Norfolk, de jeter, sans aucune espèce de précaution, au milieu du chemin, de grosses pierres ramassées dans les champs. Ne s'incorporant point avec les autres matériaux de la route, les roues des voitures les dérangent à chaque instant, et ils sont là comme autant d'obstacles qui s'opposent à leur mouvement.

Une autre coutume extrêmement nuisible, et dont il convient de se défaire, est celle de répandre sur la surface des routes, soit de la terre végétale (humus), soit du sable par trop fin,

---

ayant 6 pieds de diamètre sur autant de longueur, dont le poids devait être, d'après son épaisseur, de 20 milliers environ. Il était surmonté d'une trémie dans laquelle on pouvait mettre encore 10 milliers de pierres. Ce rouleau, tiré par douze chevaux, et passé cinq ou six fois, donnait à ce chemin neuf la consistance et l'aspect d'une vieille route parfaitement raffermie. Je suis étonné que, ni M. M'adam, ni M. Blaikie, ne fassent aucune mention de ce moyen, qui me paraît tout-à-fait bon, du moins dans les pays de plaine.

soit même du gravier qu'on n'aurait pas préparé pour cet objet. Ce procédé, qu'on croit économique, a les résultats les plus déplorables, quand la saison des pluies et de la gelée arrive.

Je vais prouver qu'il y a plus d'économie à ne faire usage que de bons matériaux, de matériaux choisis. Supposons que la distance de l'endroit où ils se trouvent, au point de la route à faire ou à réparer, est d'un mille. Un tombereau attelé de trois chevaux coûte par jour, y compris le conducteur, 14 shellings; il fait, à la distance que nous avons supposée, six voyages par jour. La dépense, pour tirer le gravier et en remplir les six tombereaux, est de 2 shellings, ce qui porte le prix des six charges, rendues au lieu de leur emploi, à 16 shellings = 20 francs. Nous avons déjà fait remarquer que de semblables matériaux, employés sans en avoir opéré le triage au moyen de la claie, étaient plus nuisibles qu'utiles; nous pouvons ajouter aussi que le passage de ces voitures dégrade singulièrement le chemin, et que, sous prétexte de boucher un trou, on en forme plusieurs autres.

Il est reconnu que la moitié moins de matériaux, mais choisis, est plus profitable. Pour les passer à la claie ou au tamis, il en coûte de plus 4 pences par charge. Mais, trois charges de cette espèce étant même plus efficaces que six charges de gravier non tamisé, il en résulte une grande économie sur les frais de transport.

L'état comparatif sera comme il suit :

Pour six charges de gravier non tamisé, et pour une voiture pendant un jour. . .   16 sh.

Pour trois charges de gravier tamisé et une voiture pendant un demi-jour..   9

Économie par jour, en employant du gravier tamisé.. . . . .   7 sh.

. Un autre profit qu'il convient de faire entrer aussi en ligne de compte, c'est le ménagement des voitures du fermier, qui, n'étant plus employées à cet usage que la moitié de la journée, peuvent vaquer le reste du temps aux autres travaux agricoles.

Souvent on a pris pour prétexte la réparation des routes, pour ramasser et enlever les pierres qu'on trouve à la surface des champs. Mais ce prétexte ne saurait être admis, puisque en fouillant dans une semblable terre, à une très-légère profondeur, on est sûr d'en trouver; et puis, il est reconnu en agriculture, que la présence d'une certaine quantité de pierres dans des terres légères, faibles, épuisées, etc., était nécessaire pour les rendre productives. On peut ajouter même qu'il est très-rare que l'enlèvement des pierres qui se trouvent mêlées dans une terre arable quelconque, lui soit profitable, à moins que ces pierres ne soient d'une dimension ou d'une forme nuisible à l'action des instrumens de labour. Il n'y a que le cas où, transformant un champ en prairie artificielle, il faut alors enlever les plus grosses pierres qui se trouvent à sa surface, avant d'y passer le rouleau de fer, lequel, par son poids, fait entrer les petites en terre, et rend le travail du faucheur plus facile en dressant la surface.

C'est une habitude insupportable, et qu'on ne saurait trop décrier, que celle de ramasser dans les champs et de réunir en tas les pierres, et de les laisser de cette sorte pendant des années entières. Cela se pratique encore très-fréquemment même dans le Norfolk, qui est, en général, regardé comme le pays le mieux cultivé de l'Angleterre. On y voit le fermier parcourir tous les jours ses champs, au milieu de ces amas de pierres, avec la plus parfaite indifférence ; il est insensible, non-seulement au tort qu'il a causé à ses terres en leur enlevant un des principes de leur fertilité, mais encore à la perte absolue de l'emplacement qu'occupent ces amas de pierres. Il n'est pas rare de les voir y demeurer indéfiniment. Alors, dispersées peu-à-peu, la charrue finit par les faire disparaître tout-à-fait.

Dans ce que je viens de dire, je suis fâché d'avoir eu tant de choses à blâmer et tant de reproches fondés à faire. Mais j'espère que mes avertissemens sur les différens sujets que j'ai traités, pourront amener quelques améliorations importantes. Je n'ai eu d'autre objet en vue que d'exciter à mieux faire, et de détruire des erreurs ou des préjugés malheureusement trop enracinés. Quoique mes remarques paraissent un peu sévères, et je ne me dissimule pas qu'elles le sont en effet, je compte toutefois que les propriétaires ou fermiers distingués du pays de Norfolk, qui connaissent le respect que je leur porte, ne les prendront pas en mauvaise part. Ces *gentlemen* peuvent être assurés que quoique je n'aie envisagé ici ce sujet que sous le rapport le moins favorable, je n'en rends pas moins justice à leur mérite éminent, à leur prodigieuse intelligence, à leur infatigable activité, et enfin à toutes leurs excellentes pratiques d'agriculture qui les distinguent. Je dis toutes ces choses parce que je les pense, et que je les crois vraies, et sans craindre qu'on puisse m'accuser ni de flatterie, ni d'avoir manqué d'égards envers qui que ce soit par mes précédentes remarques.

DESCRIPTION

DES

PRINCIPAUX INSTRUMENS D'AGRICULTURE

EMPLOYÉS

DANS LES EXPLOITATIONS RURALES DE M. COKE,

OU

D'AUTRES BONS CULTIVATEURS D'ANGLETERRE.

Scarificateur ou tourmenteur ouvrant. Pl. Ire.

Figure Ire. Plan et élévation de cet instrument, que l'inspection des figures fera parfaitement comprendre.

A, Pièce de bois du milieu, sur un des bouts de laquelle est placée la bride de tirage **B,** et sur l'autre les mancherons **C.**

D, Côtés latéraux également en bois, fixés à charnière en **E,** sur la pièce du milieu.

F, Arc de cercle en fer qui sert à maintenir, au moyen de chevilles en fer, les côtés latéraux convenablement écartés.

Cet instrument, qu'un petit cheval ou même

14

un âne peut traîner, prend le nom de scarificateur quand il est garni de lames tranchantes, parce qu'alors il sert à faire des coupures ou incisions dans la terre à diverses distances et profondeurs qu'on est maître de régler. On s'en sert pour couper transversalement une prairie dans laquelle on veut enlever du gazon pour le transplanter.

En substituant aux lames tranchantes des pointes ordinaires en fer, on transforme le scarificateur en une herse, ou tourmenteur ouvrant, avec lequel on remue la terre, on trouble la végétation des mauvaises herbes, entre les rangées de navets, de pommes de terre, ou de toute autre graine semée au drille, à des intervalles divers, parce que cet instrument peut se resserrer ou s'ouvrir dans de certaines limites.

Cultivateur à houes de rechange. Pl. Ire.

Fig. 2. Plan et élévation d'un cultivateur à roues et à houes de rechange.

a. Haie et mancherons de l'instrument. Ils sont en bois de frêne.

b, Roue en fer fondu dont la chape en fer est prolongée à travers la haie où un coin également en fer l'arrête à la hauteur convenable.

c, Bride d'attelage qui permet de fixer le point

de tirage plus ou moins haut, suivant la taille de l'animal employé.

d, Barres de fer portant un pouce carré. Elles sont fixées parallèlement entre elles et perpendiculairement à la haie, par-dessous celle-ci, au moyen de boulons.

e, Brides en fer, qui maintiennent à distance, et garantissent de la torsion les deux barres précédentes.

f, Roues en fer sur lesquelles pose le derrière de l'instrument; leurs chapes sont d'une dimension invariable quant à la hauteur, mais on peut les rapprocher plus ou moins de la haie, suivant que l'exige le travail qu'on exécute.

g, Houes plates et triangulaires, soit en tôle battue, soit en fonte. Leurs tiges sont faites avec du fer carré de 10 lignes, dont la partie inférieure est élargie et façonnée en tranchant du côté de devant, et rivée en deux endroits sous la houe même, dont la surface inférieure est légèrement concave.

h, Boîtes coulantes, à vis ou à coins, au moyen desquelles on fixe les tiges des houes alternativement sur l'une et sur l'autre des barres horizontales *d*. Ces boîtes permettent tout-à-la-fois d'élever et d'abaisser les houes, d'en mettre tel nombre qu'on voudra, près ou loin de la haie.

Cette disposition donne la facilité de se servir de cet instrument pour sarcler et purger des mauvaises herbes, les intervalles des champs cultivés en rayons réguliers.

i, Coutre circulaire qu'on adapte quelquefois à cet instrument, quand il ne se trouve pas de pierres dans la terre.

Cet instrument est utile dans une infinité de cas, pour égaliser et aplanir la surface d'un terrain, sarcler des champs de navets, de froment, de pommes de terre, etc., labourer sous terre, couper du chaume, et même pour enlever des gazons d'une épaisseur et largeur parfaitement uniforme, en fixant convenablement les houes sur les barres. Mais, pour ce dernier objet, on peut également se servir de l'instrument fig. IV, pl. 2, ou bien d'une charrue à gazon, comme nous l'avons vu par l'explication de ce procédé dans l'agriculture d'Holkham.

Plan des bâtimens d'une grande ferme du pays de Cheshire en Angleterre. Voyez Pl. I, fig. 3.

La ferme dont je donne ici le plan et la description, est située à Bromfields, près Warington. Elle appartient à M. Warburton, riche propriétaire de ce pays. Ses dispositions étant à-peu-près les mêmes que celles de Longland dont il est question dans l'agriculture d'Holkham, on sera bien aise, je pense, de pouvoir s'en former une idée.

Chaque genre de service étant indiqué sur le plan même, il serait superflu de rappeler ici cette distribution. Une grande partie de ces bâtimens est faite en pierre, mais particulièrement les fondations jusqu'à 3 ou 4 pieds au-dessus de terre. Le reste est élevé en brique ou en terre; tous sont couverts en ardoises très-larges.

Le terrain étant légèrement en pente, et fournissant au-dessus de la maison de l'eau de source qui, étant réunie aux eaux pluviales, forme un étang toujours plein, on a tiré parti de cette disposition pour avoir constamment, dans l'intérieur des bâtimens, de l'eau pure et courante qui, après avoir servi aux divers usages de la ferme, passe à travers les basses-cours, les fumiers, et va ensuite se rendre dans un réservoir au-dessous des bâtimens, d'où elle peut couler à volonté par le moyen de rigoles pratiquées à cet effet, à travers la plaine qu'elle rend prodigieusement fertile.

Il se trouve dans le même pays des bâtimens de fermes d'une moindre dimension, mais qui tous sont singulièrement propres à remplir leur objet. Leur plan général a la forme d'une L. *Voyez* pl. III, fig. 8. La portion du bâtiment la plus longue, ayant 30 pieds de large en dedans, admet deux étables à vaches de la largeur de 11 pieds et demi chacune, en réservant au milieu une crêche de 7 pieds. A un bout de chaque étable, se trouvent des cabanes à veaux, et plus loin des magasins de fourrage, de paille, qui communiquent avec la crêche et avec les greniers qui sont au-dessus, dans toute l'étendue de cette aile de bâtiment.

Dans la plus petite portion de ce bâtiment, on pratique la porte charretière d'entrée qui sert en même temps de remise pour les voitures chargées ou non chargées. Là se trouve une trappe qui sert à introduire dans les greniers qui sont au-dessus, le blé, les fourrages, etc.

Chaque écurie ne contient que quatre chevaux, et chaque étable huit vaches. Cette disposition est plus profitable à ces animaux. Tout est d'ailleurs construit en briques et couvert d'ardoise ou de tuile.

On m'a fourni les renseignemens suivans sur les dispositions qu'il faut donner aux bâtimens d'une petite ferme de 60 à 70 acres.

1°. Une maison avec-rez-de chaussée et premier étage. Dans le rez-de-chaussée doit se trouver le logement du fermier; une cuisine à grandes chaudières où l'on fait cuire le petit-lait, les pommes de terre et autres racines pour la nourriture des bestiaux et des cochons; cette même cuisine doit être assez grande pour pouvoir y faire le fromage, afin de conserver propre tout le reste de la maison; sur le même carré doivent se trouver également une laiterie à beurre, une chambre pour la salaison des fromages, pour les presses, etc.; au-dessus du logement du fermier doit se trouver le magasin à fromage. Le reste du premier étage est distribué en chambres à coucher;

2°. Le four à cuire le pain doit être dans le voisinage du logement du fermier, ayant son ouverture dans la cuisine;

3°. Une écurie pour quatre chevaux avec grenier au-dessus;

4°. Une étable pour seize vaches, avec cabane à veaux, ayant un grenier au-dessus;

5°. Une grange pour battre et remiser le blé; on y ménage une place pour la machine à battre; le manége est dans une cour intérieure;

6°. Des hangars pour remiser les voitures et les instrumens de labour, avec grenier au-dessus;

7°. Basse-cour et cabanes à cochons avec un poulailler au-dessus.

Cultivateur à houes plates et tranchantes. **Pl. II.**

Fig. 4. Plan et élévation du cultivateur à houes plates et tranchantes.

On voit que cet instrument est posé sur trois roues, et qu'il est disposé pour être tiré par un cheval ou un âne.

A, Haie de l'instrument, sur le bout de laquelle est fixée une bride de fer pour l'attelage des animaux.

BD, Traverse en bois assemblée perpendiculairement sur la haie, et le long de laquelle sont fixées les houes.

C, Mancherons de l'instrument.

E, Roues en fer placées sur de petites fusées d'essieu également en fer, assujetties avec des boulons, aux extrémités de la traverse BD, servant en même temps de corps d'essieu.

F, Roue en fer, qui soutient à hauteur, et dans la direction du tirage, le bout de la haie.

G, Houes angulaires, plates et tranchantes.

H, Boîtes à vis, au moyen desquelles chaque houe est tenue par sa tige contre la traverse BD, et qui permettent de les monter, de les descendre, de les écarter ou de les rapprocher à volonté.

I, Coutres ou couteaux qu'on place quelquefois dans l'intervalle des houes, pour couper le terrain, comme, par exemple, dans l'opération de l'enlèvement du gazon.

La faculté qu'on a, dans cet instrument, de placer à volonté les fers plus ou moins rapprochés, et plus ou moins plongeans, le rend propre à une infinité d'usages, tels que l'enlèvement du gazon pour les transplantations, le sarclage des champs ensemencés en lignes, etc.

Machine à faner. Pl. II.

Fig. 5. Projection horizontale et verticale de l'ensemble de cette machine. On voit que c'est un grand tambour en forme de hérisson, qui peut s'élever ou s'abaisser à volonté, afin d'approcher plus ou moins le sol sur lequel on opère. Ce hérisson est composé de huit râteaux particuliers, à dents de fer recourbées, lesquels étant assujettis à deux mouvemens à-la-fois, l'un de translation, parallèlement au terrain et commun à toute la machine, et l'autre de rotation autour d'un axe, éparpillent tout le foin qui se trouve sur leur passage.

a, Brancards en bois formant une limonière à-peu-près de la force de celle d'une cariole; ils sont garnis de crochets en fer, tant pour le tirage que pour le reculement, ainsi que d'arcs-boutans en fer, qui en consolident toutes les parties.

b, Traverse également en bois, qui tient les brancards à distance, et sur laquelle est posée une planche de champ, dont l'objet est d'empêcher le foin d'être projeté sur le derrière du cheval attelé au brancard.

c, Deux barres de fer méplates, prolongeant les brancards sur lesquels elles sont fixées avec des boulons, et allant ensuite s'ajuster de la même manière contre les fusées de l'essieu.

dd', Roues de la machine. Elles sont à-peu-près de la force de celles d'une petite cariole. Les clous à vis du cercle de bandage de la roue *d'*, ont une tête en saillie d'environ un pouce. Ces têtes de clous s'enfonçant successivement dans la terre, par l'effet du poids et du mouvement de la machine, procurent à cette roue un point d'appui qui, l'empêchant de glisser sur la terre, lui aide à transmettre son mouvement de rotation au hérisson, quand la machine marche en avant.

e, Deux pièces de fonte de fer, d'une forme particulière, dans lesquelles sont fixées à écrous les fusées d'essieu. Une de ces pièces, celle qui se trouve du côté de la roue *d'*, recèle les roues d'engrenage qui transmettent le mouvement de la roue *d'* au hérisson. Ces engrenages sont dans le rapport de 3 à 1, c'est-à-dire que la roue faisant un tour, le hérisson en fait trois. On voit aussi que ces pièces donnent le moyen d'élever ou d'abaisser le hérisson, en le fixant avec un boulon, dans un des trous des arcs de cercle contre les barres de fer *c*.

f, Axe du hérisson ; il est en fonte de fer, de forme octogone et creux.

g, Barre ronde de fer, servant de noyau à l'axe du hérisson, et en même temps de moise, qui tient à une distance invariable les deux pièces de fonte *e*. Cette barre de fer est plus longue que le manchon servant d'axe au hérisson, de toute l'épaisseur des engrenages. C'est de cette disposition que résulte le moyen d'engrener ou de désengrener la machine, en donnant la faculté de faire glisser le hérisson dans le sens de sa longueur, le long de la barre *g*, et en soustrayant ou en soumettant à l'action de la roue d'engrenage montée sur le moyeu de la roue *d'*, le petit pignon que porte l'axe creux du hérisson. Un petit mentonnet logé perpendiculairement dans l'axe creux, et qu'un ressort presse constamment contre le fond de l'une ou de l'autre gorge d'arrêt pratiquées sur la barre *g*, dont une sert à tenir la machine engrenée, et l'autre désengrenée.

h, Deux cercles en fonte de fer à huit rayons, correspondant aux huit râteaux qui forment le hérisson. Ces cercles sont traversés dans leur centre par l'axe octogonal et creux *f*, et font corps avec lui. Le prolongement des rayons en dehors de la circonférence, sert d'attache et de point d'appui pour l'articulation des râteaux.

i, Huit barres en bois, dans chacune desquelles sont plantées huit, neuf ou dix dents en fer légèrement recourbées vers les extrémités. Des ressorts fixés sur les circonférences des cercles *h*, maintiennent les dents des râteaux dans la direction des rayons; mais ils cèdent quand ces mêmes dents viennent à rencontrer quelque obstacle invincible dans le travail, ce qui prévient la destruction de la machine. L'action de ces ressorts s'exerçant au-delà du point d'articulation, sur l'angle extérieur des barres qui forment les râteaux, ramène ceux-ci à leur première position dès que l'obstacle est dépassé.

Cette machine peut être conduite de deux manières, ou par un seul cheval, que guide un homme à pied (alors elle ne va qu'au pas ordinaire du cheval travaillant, c'est-à-dire avec une vitesse de 200 pieds par minute environ), ou par deux chevaux conduits en postillon et au grand trot.

Si le foin n'est pas très-abondant, on la mène dans le sens des redans ou ondins. Le hérisson ayant 6 pieds de long, en embrasse deux, qu'il éparpille en même temps, les chevaux marchant par le milieu de la fauchée. Mais si le foin est abondant et long, il embarrasse la machine. Alors il faut la conduire dans une direction perpendiculaire ou oblique à celle des ondins. La vitesse qu'elle acquiert dans les intervalles où il n'y a pas de foin, la fait passer sans difficulté sur les ondins, quelque bien fournis qu'ils soient.

Cette machine, dans un pays de plaine dont le sol a de la consistance, peut remplacer beaucoup de bras. Attelée d'un seul cheval allant au pas, elle retourne le foin d'un arpent en moins de vingt minutes, et plus du double si on la mène en postillon et au trot, de sorte qu'il est possible, quand d'ailleurs le temps est favorable, de récolter en un seul jour tout le foin d'une prairie qu'on aurait fauchée le matin.

Râteau à cheval.

Après la machine à faner vient naturellement le râteau à cheval dont on se sert dans les pays de plaine pour ramasser le foin quand il est sec. Je n'en ai pas fait le dessin, mais je vais en donner une idée suffisante pour le faire comprendre.

Un morceau de bois, portant 3 pouces de grosseur sur 6 ou 7 pieds de long, est traversé par des dents de bois liant, tel que du frêne, qui passent de côté et d'autre d'environ 1 pied, plus ou moins ; elles portent de 6 à 8 lignes de diamètre et sont espacées de 2 pouces, dans un même plan. Ce double râteau est placé dans un châssis où il a la faculté de tourner sur lui-même autour d'un axe horizontal, dans des collets pratiqués sur les côtés latéraux du châssis, mais dans lesquels on peut l'arrêter invariablement, à l'aide d'un déclic, aux positions convenables pour ramasser le foin. Ce châssis, auquel sont adaptés une limonière pour le cheval et des mancherons pour l'homme qui gouverne cette opération, est soutenu à une certaine hauteur par deux roues, dont les tiges des chapes glissant dans des mortaises où on les arrête avec des coins, permettent de les fixer de manière à pouvoir faire appuyer à volonté les dents du râteau contre terre.

Lorsque la rangée des dents qui travaille se trouve pleine de foin, l'homme placé dans les mancherons de l'instrument presse un levier qui fait lâcher l'arrêt, et aussitôt le râteau faisant un demi-tour sur lui-même, abandonne le foin ramassé, et la rangée des dents qui se trouvait en l'air, vient à son tour ramasser le foin éparpillé sur son passage ; ainsi de suite, faisant travailler alternativement à mesure qu'elles se remplissent, chaque rangée du râteau.

On peut voir que, dans des pays de plaine, cet instrument est, dans son genre, aussi avantageux que la machine à faner.

Herse brisoire rotative, réunie à une herse simple, dont l'objet est de pulvériser et de nettoyer le sol avant de l'ensemencer, inventée par M. Morton d'Édimbourg.

Description avec figures. Pl. III.

Fig. 6 et 7. Élévation et plan de cet instrument. Il est tout en fer, excepté les roues.

A B C D, Châssis carré servant de bâtis à l'instrument. Il est formé de quatre barres de fer

méplates, réunies l'une à l'autre, vers les angles,
par des boulons à vis.

E, Roues à larges jantes en bois non ferrées
et très-légères. Elles tournent sur des fusées
d'essieu en fer, fixées avec des boulons contre
les extrémités du côté A du châssis, servant en
même temps de corps d'essieu.

F, Flèche ou timon en fer tenu à charnière
sur le milieu du corps d'essieu, et ayant à son
autre extrémité G une bride d'attelage.

H, Fourchette verticale fixée sur le milieu
du côté du châssis C, entre laquelle passe la
flèche F, où une cheville en fer la maintient à
la hauteur convenable.

I, Autre fourchette semblable dans laquelle
passe également la flèche F; elles sont réunies
l'une à l'autre par une cheville de fer. Le bout
inférieur de cette fouchette sert de soutien au
milieu de l'axe coudé OPQ des roues à pointes.

J, Roues à pointes ou hérisson. On voit qu'il
y en a dix, dont cinq de chaque côté, indépen-
dantes les unes des autres et tournant librement
sur leurs axes OP et PQ. Ces axes, qui forment
entre eux un angle ouvert en P, sont maintenus
dans un plan horizontal, d'un côté par la fourchette I, qu'on peut monter ou descendre à volonté, et de l'autre par des fourchettes ou col-

lets L que portent les côtés BD du châssis A B C D. L'angle formé en P par ces deux axes, est tel que les extrémités des pointes en arrière et en avant de deux hérissons voisins se trouvent sur une ligne $x\,y$, parallèle à la direction de la flèche F, que suit l'instrument dans sa marche. Chaque hérisson est formé de dix pointes en fer légèrement recourbées vers leurs extrémités, et qui sont prises dans un disque de fonte qui leur sert de moyeu.

M, Cylindres creux en fonte qu'on met entre chaque hérisson, pour maintenir ceux-ci, sans en gêner le mouvement, à des distances égales et convenables. Leurs jointures sont à recouvrement, pour que le gravier, et même l'eau, ne puissent s'y introduire.

N, Herse simple en forme de râteau, attachée par ses extrémités au corps d'essieu A de l'instrument, au moyen de triangles de fer et d'anneaux, qui lui permettent de se mouvoir dans le sens vertical en même temps qu'elle est traînée à la suite de la brisoire rotative. Ce râteau est mis seulement la dernière fois qu'on passe la herse rotative.

S, Mancherons comme ceux d'une charrue, au moyen desquels on gouverne la herse simple.

Direction et travail de cet instrument.

La première chose à faire quand on veut se servir de cet instrument, est de bien graisser l'axe des hérissons et l'intérieur de leurs moyeux. On n'aura pas besoin, pour cela, de les retirer de leur place, mais seulement de lâcher les manchons de fonte qui les séparent, en ôtant momentanément ceux des bouts, vers les collets L, et faisant successivement glisser chaque roue de leur épaisseur, pour graisser la place qu'elles occupent sur l'axe.

La profondeur à laquelle on veut que pénètrent les pointes des hérissons, se règle de la même manière que l'entrure d'une charrue brandilloire, en combinant convenablement la direction du tirage des animaux et la fixation de la flèche F dans les deux fourchettes H, *i.*

D'après l'obliquité du plan des pointes des hérissons, par rapport à la direction que suit l'instrument dans sa marche, on voit qu'aucune partie du sol qu'il embrasse, ne peut échapper à son action. La terre est pulvérisée, et les herbes ou racines qui s'y trouvent, sont amenées à la surface où la herse simple, qui suit immédiatement, les recueille à mesure. Mais comme cette herse se remplit promptement, le conducteur l'en débarrasse, en la soulevant par intervalles, sans arrêter sa marche. Il forme ainsi des amas de mauvaises herbes qu'on enlève avec des tombereaux, ou qu'on brûle sur place quand le temps le permet.

Cet instrument, en usage depuis 1816 chez les meilleurs cultivateurs d'Écosse, y a obtenu un succès prodigieux par l'économie qu'il apporte dans la préparation des terres qu'on veut ensemencer, soit en froment, soit en navets. D'après l'idée que je viens d'en donner, ce résultat doit paraître évident à tout homme un peu versé dans la pratique de l'agriculture. Néanmoins, pour corroborer cette opinion, je vais transcrire quelques-uns des rapports qui furent faits à cette occasion par des hommes de mérite et par des Sociétés d'agriculture des frontières d'Ecosse.

M. Morton, inventeur de cet instrument, écrivait, le 2 novembre 1816, au rédacteur du Magasin des fermiers à Edimbourg, ce qui suit :

« Dans une de vos précédentes feuilles, vous avez publié la description d'une herse brisoire de mon invention, qui doit s'attacher à un avant-train de charrue, pour pulvériser et nettoyer la terre et pour lever les pommes de terre. Vous l'avez accompagnée d'une lettre de M. de Gierson qui s'en est servi, ainsi que d'autres, avec avantage. L'expérience en ayant fait reconnaître le principe bon, je lui ai donné une autre combinaison qui en fait un instrument à part, qui, en même temps qu'il pulvérise la terre, la débarrasse des racines et des mauvaises herbes. Je vous en envoie le plan et la description. J'ai la satisfaction de pouvoir vous dire qu'on en a fait l'essai dans divers endroits du royaume, et que les hommes les plus instruits en agriculture, particulièrement la respectable Société des frontières devant laquelle on en a fait l'essai, lors de sa dernière assemblée, l'ont approuvée. M. Ollivier, propriétaire à Lochend, près Édimbourg, m'autorise aussi à déclarer que, selon l'expérience qu'il en a faite en juin dernier, pour nettoyer et pulvériser une pièce de terre extrêmement malpropre où il voulait semer des navets, l'économie d'argent, et, ce qui n'est pas moins important, du temps, a été sur ce travail de près de 5o pour 1oo. Il fit donner deux labours et fit passer huit fois la herse sur une partie de son champ. L'autre partie se trouva aussi bien préparée par un seul labour et quatre cours de la herse brisoire rotative. A cette époque, je n'y avais pas encore ajouté le râteau. M. Ollivier fut obligé, pour ramasser les racines et les mauvaises herbes, que le premier instrument avait

amenées à la surface, d'employer une herse ordinaire. Mais cela devient inutile à présent par
l'addition du râteau qu'on attache à la herse brisoire rotative, lorsque celle-ci passe la dernière
fois. »

La Société d'agriculture, dite des frontières
d'Écosse, le 2 octobre 1816, sur le rapport d'une
commission composée de six de ses membres,
accorda un prix de cinq guinées à M. Morton,
pour le susdit instrument, comme étant extrêmement ingénieux et utile.

*Lettre de M. Ollivier à M. Gordon, secrétaire de
la Société des montagnes d'Écosse, insérée
dans le Magasin des fermiers.*

18 juin 1816.

Je prends la liberté, Monsieur, de vous adresser
quelques observations, relativement aux essais
que la Société a ordonné de faire sur ma ferme
à Lochen, de l'instrument de M. Morton, connu
sous le nom de herse brisoire rotative et extirpatrice des mauvaises herbes. Je m'en suis servi
pour préparer la plus grande partie d'un champ
de 10 acres dans lequel je voulais semer des navets. Il était extrêmement couvert de mauvaises
herbes. Un acre et demi environ était déjà pré

paré par l'ancienne méthode, quand la **herse** brisoire me parvint ; c'est-à-dire que sur cette portion du champ, on avait fait deux labours et huit hersages, sans l'avoir néanmoins disposée convenablement au *drillage*.

A côté de cet acre et demi, j'en fis travailler 2 acres qui ne reçurent qu'un labour et quatre voyages de la herse brisoire rotative, avec un cours de herse extirpateur. L'examen le plus scrupuleux ayant été fait de ces deux terres, nous avons remarqué que la dernière était tout aussi bien préparée que la première. J'ai ensuite traité le reste du champ de la même manière, et j'ai obtenu les mêmes résultats. Je ne veux cependant pas dire que le champ fût suffisamment nettoyé de ses mauvaises herbes, ni par l'un, ni par l'autre procédé. Mais on pouvait s'y attendre en considérant le mauvais état où se trouvait précédemment le champ.

D'après ces faits, que j'énonce volontiers et qui ne doivent être sujets à aucun doute, on peut affirmer que sur des terres pareilles aux miennes, qui sont naturellement sèches et grasses, l'économie sera de deux cinquièmes et probablement plus considérable sur des **terres** moins difficiles à travailler.

Lettre de M. Georges Reid à M. Morton, insérée dans le Magasin des fermiers.

24 décembre 1816.

Monsieur,

J'ai fait l'essai de votre herse rotative , et j'ai le plaisir de vous annoncer qu'elle répond parfaitement à l'idée que je m'en étais formée.

J'avais un champ en jachère qui, au mois de juin dernier, n'avait reçu que deux labours. Son état en exigeait encore trois avant de pouvoir l'ensemencer, à cause de la prodigieuse quantité des mauvaises herbes qui l'infestaient. Dans ce moment, je reçus votre nouvelle herse brisoire, et je la fis passer deux fois sur ce champ qui venait d'être labouré. Elle produisit un merveilleux effet : au lieu de se borner, comme les autres herses, à nettoyer la surface, votre instrument fouille à 6 ou 8 pouces de profondeur, en retire toutes les mauvaises herbes qu'il secoue et dépose à la surface, de la manière la plus simple et la plus efficace.

L'examen le plus scrupuleux ne put faire découvrir, après cette opération, une seule racine nuisible restée en terre.

Le temps pluvieux qui a duré tout l'été, n'a

pourtant fait paraître dans ce champ aucune mauvaise herbe. Il se trouva extrêmement propre au moment où j'y semai du froment.

Je crois pouvoir dire que l'usage de votre herse brisoire rotative épargnera la moitié du travail qu'on faisait pour nettoyer les terres, et que sous ce rapport votre instrument est un des plus utiles qu'on ait imaginés dans l'agriculture.

Plusieurs cultivateurs de mes amis, présens à l'expérience, en ont conçu la même idée que moi.

Une simple lettre ne suffit pas pour signaler tous les avantages qu'on en peut retirer, et son effet est plus prompt dans des terres légères et meubles.

Semoir double à cheval de M. Frost. Pl. IV.

Fig. 9, 10 et 11, élévation, plan et coupe du semoir double à cheval de M. Frost, que M. Coke et tous les bons cultivateurs de l'Angleterre ont adopté. On l'appelle double à cause de la faculté qu'il a de semer de l'engrais pulvérisé en même temps que les graines. Il peut, au premier coup d'œil, paraître compliqué; mais, en l'examinant, on reconnaîtra bientôt qu'il l'est beaucoup moins que le semoir à hérisson et à brosse, ou même que celui à cylindre

gravé. Il possède, au surplus, la qualité essen-
tielle de répandre la graine et même l'engrais
toujours exactement en proportion de l'espace
parcouru, et en telle quantité qu'on peut souhaiter, comme on le verra par la description
suivante.

Il se compose de deux parties distinctes, le
train et le châssis porte-socs, que j'appellerai
herse. Je désigne par des lettres majuscules les
pièces qui appartiennent au train, et par des
lettres minuscules celles qui appartiennent à la
herse.

A A, Brancards, traverses, etc., en bois, formant limonière, pour atteler un petit cheval.
L'essieu de ce train est en fer, mais très-léger,
comme celui d'un petit cabriolet.

BB', Roues du semoir ayant 3 pieds de diamètre. Le gros bouge du moyeu de la roue B'
porte une roue d'engrenage en fonte de fer du
diamètre de 6 pouces ; elle en conduit une autre
de 3 pouces, placée au-dessus dans le même
plan vertical. Un des bouts de l'axe en fer du
cylindre baille-graine, entre carrément au
centre de cette dernière roue et en reçoit le
mouvement. Ces deux roues sont renfermées
dans une espèce de boîte en fonte fixée contre
le brancard, qui, sans gêner leur mouvement,,

les garantit de la boue et du gravier. La partie supérieure de cette boîte de recouvrement est assez élevée pour permettre de désengrener les deux roues.

C, Levier au moyen duquel on engrène ou on désengrène la roue montée sur l'axe du cylindre baille-graine.

D, Coffre du semoir. On voit, fig. 11, qu'il est divisé en deux compartimens, E et F, le premier pour les graines, et le deuxième pour les engrais pulvérisés, ou même pour des graines de trèfle qu'on voudrait semer en même temps. Le bas de chacun des compartimens du coffre est garni d'une trappe qui peut le fermer exactement, mais qui s'ouvre plus ou moins, afin de livrer les graines et les engrais en quantité convenable.

G, Cylindre de bois portant 3 pouces de diamètre, et 4 pieds de long, sur la surface duquel sont fixées, avec des vis à bois, de petites cuillères en fer fondu, telles qu'on en voit une de grandeur naturelle, fig. H. Elles sont rangées de 2 pouces en 2 pouces, sur 8 lignes en hélice, faisant une révolution entière dans les limites de la longueur du cylindre ; de sorte que, pour le garnir entièrement, il en faut $24 \times 8 = 192$. Mais on est libre d'en mettre davantage ou moins, suivant qu'on veut semer plus ou moins de graine : car on voit déjà que chacune de ces cuillères doit puiser, en passant dans l'auge demi-circulaire inférieure, où il y a toujours de la graine, un certain nombre de grains qu'elles vont ensuite verser dans les entonnoirs placés vis-à-vis.

Indépendamment de la faculté qu'on a de mettre sur la surface du cylindre plus ou moins de ces cuillères, on a encore celle de pouvoir tourner le cylindre bout pour bout, ce qui permet de faire agir à volonté l'une ou l'autre capacité I ou K, qui est inégale, comme on le voit en H.

L, Cylindre dont la surface est également garnie de petites cuillères semblables aux précédentes, mais qui, au lieu d'être doubles, sont simples. Elles sont destinées à répandre l'engrais pulvérisé qu'elles puisent dans l'auge inférieure, de la même manière et en même temps que la graine. Ce second cylindre reçoit son mouvement du premier, à l'aide d'une courroie et de deux poulies égales, placées dans le même plan vertical, sur les bouts des axes opposés aux engrenages.

M, Entonnoirs en fer-blanc peint, qui reçoivent la graine et l'engrais, et qui les conduisent ensuite l'une et l'autre à travers les socs dans la terre. Ces entonnoirs s'emboîtent les uns dans les autres, de manière à pouvoir s'allonger ou se raccourcir suivant que peut l'exiger la manœuvre du semoir. Ils sont unis ensemble avec de petites chaînes lâches, qui ne leur permettent pas néanmoins de se désemboîter.

N, Pointe qui trace sur la terre la ligne que doit suivre le cheval à son retour, dans le voyage suivant, afin de pouvoir le faire marcher dans une direction parallèle à la première, et à une distance telle, que l'intervalle des lignes qui forme la reprise, soit parfaitement égal aux autres. On voit que le bras qui porte cette double pointe à tracer, est susceptible de changer de longueur, et que, tournant autour d'un axe horizontal correspondant au milieu du semoir, on le porte à droite ou à gauche, suivant le besoin, et où on l'arrête avec une petite chaîne à crochet dans un anneau que portent les côtés des brancards.

aa, Châssis porte-socs du semoir, que nous appellerons herse. Il est tout en fer, et se compose, 1°. de deux leviers recourbés et prolongés en arrière, pour servir de mancherons à l'instrument; 2°. de deux traverses bb, fixées par leurs deux bouts en $\acute{a}\acute{a}$, parallèlement entre elles; 3°. d'un certain nombre de socs ou becs de semoir en fonte *cc*, maintenus alternativement contre les traverses *bb*, au moyen des boîtes coulantes *dd* à vis ou à coins. Cette disposition permet de les placer à la distance les uns des autres, et à la hauteur convenable.

ee, Points d'attache à charnières de la herse contre le dessous des brancards du train.

ff, Arcs de cercles en fer, qui servent à régler la hauteur de la herse, pour faire pénétrer les socs plus ou moins en terre.

gg, Chaîne traînante retroussée avec une petite cordelette dans l'intervalle de chaque soc. L'objet de cette chaîne est de rejeter la terre dans les traces que les socs ont formées, pour recouvrir les graines qui viennent d'y être déposées.

Ce semoir se conduit aux champs comme toute autre voiture. Il faut avoir soin seulement de désengrener la roue du cylindre baille-graine, et de relever la herse autant que possible.

Arrivé sur le terrain, un seul homme, placé entre les mancherons de l'instrument, suffit pour gouverner celui-ci et guider le cheval. Il règle la profondeur et les intervalles des socs, met la graine et l'engrais dans leur trémie respective, dont il a soin d'ouvrir les trappes, et fixe la longueur du bras de la pointe à tracer, de manière à rendre parfaitement égaux les intervalles de toutes les lignes semées. Nous avons vu que M. Coke sème ses lignes de froment de 9 pouces en 9 pouces ; mais d'autres cultivateurs les sèment de 6 pouces en 6 pouces. Cela dépend d'ailleurs de la nature des terres. Le semoir que nous venons de décrire permet toutes les combinaisons qu'on voudra, non-seulement pour l'écartement et la profondeur des lignes, mais encore pour la quantité de graine répandue uniformément sur une étendue de terrain donnée.

Piége à insectes ou à mouches de M. Paul.
Pl. IV.

Fig. 12, Plan et élévation de ce piége. C'est un petit coffre en bois blanc de 18 pouces de long, sur 4 et 6 pouces carrés, dont le fond s'ouvre à charnière, et dont le dessus porte une trémie quadrangulaire formée de quatre morceaux de verre plan, laissant dans le bas une ouverture carrée d'environ 18 lignes de côté, à une distance du fond de 20 à 24 lignes.

Ces piéges se placent la trémie en-dessus, à fleur de terre, et en travers des rangées de turneps semés au drille. Les vers ou insectes rongeurs suivant cette ligne pour en dévorer les jeunes pousses, sont obligés, quand ils viennent à rencontrer ces piéges, de sortir de terre et de passer par-dessus. Alors ils-se précipitent dans l'entonnoir de verre, qui les conduit dans le fond du piége, d'où ils ne peuvent plus s'échapper. On vient tous les deux ou trois jours les relever, pour détruire ceux qui s'y sont pris.

Ce même piége est employé avec succès pour prendre les mouches dans les appartemens. On les y attire par du miel, dont on recouvre légèrement quelques endroits de l'entonnoir, et par de l'eau sucrée ou miellée contenue dans une soucoupe placée au fond du piége, vis-à-vis l'ouverture de l'entonnoir.

Semoir ou drille à turneps. Pl. V.

Fig. 13 et 14. Plan et élévation d'un semoir à graine de turneps, pour deux rangées à-la-fois.

A, Train du semoir, formant une limonière pour atteler un petit cheval, ou même un âne.

B, deux rouleaux en bois de forme concave, afin d'arrondir le sommet des sillons sur lesquels ils passent.

B', Axe en fer sur lequel sont montés et tournés les deux rouleaux précédens, qui peuvent d'ailleurs glisser dessus, pour mettre entre leur centre le même intervalle qu'on veut avoir entre les rangées de turneps. Cet axe porte à ses deux bouts, en-dehors du train, deux petites manivelles faisant entre elles un angle droit.

C, Deux supports en fonte de fer ayant la forme d'une équerre; ils sont fixés avec des boulons contre le dessous des brancards.

D, Châssis porte-socs ou train de derrière du semoir; il se compose de deux mancherons et d'une traverse E en bois, contre laquelle sont maintenus au moyen de boîtes coulantes à vis F, les socs G du semoir. Ce train de derrière est uni au train de devant aux points H, autour desquels il peut se mouvoir librement dans le sens vertical.

I, Deux chaînes qui servent à tenir le train de derrière à une hauteur convenable, et qui ne s'opposent pas à un mouvement ascensionnel lorsque les socs du semoir viennent à rencontrer quelque obstacle invincible.

J, Chaînes traînantes qui ramènent la terre dans les sillons tracés par les socs, pour recouvrir la graine ensemencée.

K, Trémies dans lesquelles on place la graine. On en voit la coupe fig. 14, ainsi que la manière dont elles sont soutenues, afin de pouvoir les monter et descendre, et même les porter à droite ou à gauche, suivant le besoin.

L, Brosses circulaires faites de jonc écrasé. Leur objet est de régler et de favoriser la chute des graines.

M, Axe en fer sur lequel sont fixées les brosses précédentes, vis-à-vis le milieu des trémies qu'il traverse. Il porte à ses extrêmités deux manivelles correspondantes et égales à celles de l'axe des rouleaux B, et faisant entre elles, comme celles-ci, un angle droit.

N, Rosette en cuivre rouge, pouvant tourner sur son centre; et elle est percée, sur la même circonférence, de divers petits groupes de trous, dont le nombre augmente suivant la progression 1, 2, 3, etc. Une contre-plaque, également en cuivre mince, est fixée contre la trémie, immédiatement sous la rosette, et ne laisse qu'une ouverture elliptique de 6 et 8 lignes, contre laquelle la brosse doit toujours appuyer. On amène vis-à-vis cette ouverture le groupe de trous percés dans la rosette, qu'on juge devoir être celui qui donne la bonne proportion de graine.

O, Bielles qui vont de l'une à l'autre manivelle, et qui transmettent à l'axe des brosses le mouvement de rotation des rouleaux.

P, Lame de fer servant de décrottoir aux rouleaux B, afin que la surface de ceux-ci soit toujours unie.

La direction de ce semoir n'offre aucune difficulté. Le cheval marchant dans le sillon creux, les rouleaux et les becs du semoir se trouvent naturellement placés sur les sillons en relief. On n'a pas besoin ici, comme dans le grand semoir à blé, d'une pointe à tracer le chemin que doit suivre le cheval, lors de son retour.

Pour le conduire aux champs, on retire les bielles O, qu'on remet étant arrivé sur le terrain ; et pour empêcher l'ensemencement d'avoir son effet lorsqu'on tourne au bout du champ, on ferme l'ouverture par où s'échappent les graines, en amenant vis-à-vis cette ouverture un endroit plein de la rosette (1).

---

(1) Le frottement d'un des rouleaux B contre la terre, étant plus que suffisant pour faire tourner l'axe des brosses M, l'autre rouleau pourrait être libre sur son axe, arrondi à cet effet. Alors, ces deux rouleaux ayant des mouvemens indépendans, comme les roues d'une charrette sur leur essieu, le tournoiement au bout du champ devient plus facile, et n'expose pas à former des affouillemens.

Rouleau double en fer fondu, pour unir les champs ensemencés, les prairies, le gazon transplanté, etc. P L V.

Fig. 15 et 16. Plan et profil de ce rouleau double. Le bâtis A B C en bois présente deux limonières pour atteler deux chevaux de front.

D, Deux rouleaux de fer fondu creux ayant ensemble 6 pieds de long, sur 14 pouces de diamètre. Le poids total est de 800 à 900 livres.

E, Croisillons en fonte de fer, fixés par le moyen de rivures dans l'intérieur et près des bouts de chaque cylindre. Ces croisillons sont traversés à leur centre par une barre de fer rond, sur laquelle, comme sur un axe, chacun tourne librement, de sorte que les deux rouleaux se trouvent avoir des mouvemens indépendans.

F, Trois supports de fonte, en forme d'équerre et à patin, se fixant avec des boulons dans le même alignement, sous chacun des brancards A B C. Les douilles qui reçoivent les bouts de l'axe des rouleaux portent 3 pouces d'épaisseur, tandis que les branches, comme on le voit en F', n'ont que 6 lignes.

G, Lame de fer en forme de couteau, qui détache la terre adhérente à la surface du rouleau.

H, Crochets à vis et écrous avec lesquels on

16 *

fixe le décrottoir contre la branche postérieure des supports F. H′ profil de ces crochets.

Ce rouleau n'ayant au total que 6 pieds de long, pourrait être facilement fait d'une seule pièce; mais alors on éprouverait au retour dans les bouts du champ, un frottement assez considérable, occasionné par le tournoiement du rouleau sur lui-même, qui, dans cette circonstance, forme des affouillemens très-profonds, sur-tout si les terres sont labourées. Les rouleaux jumeaux et indépendans n'ont pas cet inconvénient, parce qu'on peut les faire tourner sur eux-mêmes aussi facilement qu'une charrette.

Machine à battre le blé. Pl. **VI.**

On sait que le battage du blé est une des opérations les plus importantes, et en même temps des plus pénibles des travaux agricoles. Chaque pays a sa manière particulière. En Égypte, et dans quelques-unes des contrées méridionales de l'Europe, on y procède en faisant fouler par les pieds des animaux le blé étendu sur une aire ou grange circulaire; dans d'autres, on emploie également des animaux qui, traînant des rouleaux à dents sur tous les points de l'aire, battent ainsi doublement le blé avec les pieds et ces rouleaux. Mais dans notre pays on ne connaît guère encore que le fléau ou les gaules des batteurs en grange.

Depuis long-temps on cherchait à remplacer cette opération manuelle, qui est fatigante et mal-saine, par des moyens mécaniques mis en jeu par un moteur quelconque. Plusieurs inventions plus ou moins ingénieuses ont été présentées aux cultivateurs pour cet objet. Mais de tous les moyens essayés jusqu'à ce jour, le meilleur est, sans contredit, la machine dite écossaise de M. Meikle. Son succès est confirmé par un usage presque général en Angleterre depuis vingt-cinq ans. M. Delessert est le premier qui l'ait fait exécuter en France, d'après l'idée que lui en donna un voyageur venant d'Ecosse en 1814. Mais ce n'en était, pour ainsi dire, qu'une ébauche imparfaite. Elle est déposée dans la grande ga-lerie d'entrée du Conservatoire des arts, sous le n°. 34.

En 1816, la Société royale d'agriculture de Paris a fait également déposer au Conservatoire, galerie dite d'Agriculture, sous le n°. 219, un modèle venu d'Angleterre, bien fait et assez exact de cette machine, accompagnée de son manége.

Les peuples du Nord, particulièrement les Suédois, ont été les plus empressés à adopter cette machine. Le consul général de cette nation en France, M. Haultermann, en a fait venir plusieurs, dont une pour son propre usage, qui travaille depuis 1818 dans une campagne près d'Evreux. M. Molard aîné, ancien directeur du Conservatoire des arts, en a fait également venir l'année dernière plusieurs de Suède, qui sont actuellement en pleine activité dans la Beauce et à Châtillon-sur-Seine, chez MM. les maréchaux Gouvion Saint-Cyr et duc de Raguse.

Le succès de cette machine se trouve complétement confirmé, non-seulement pour battre le blé, mais encore toutes sortes de céréales. Elle va devenir indispensable à tout propriétaire ou fermier qui fait valoir une certaine étendue de terre dans un pays de blé. Il en existe de plusieurs dimensions, et chacun peut, en conséquence, s'en procurer une qui soit proportionnée à son exploitation. Celle que je vais décrire, étant mue par une force équivalente à celle de quatre chevaux, bat cent vingt gerbes de blé environ par heure.

Fig. 17 et 18. Plan et élévation latérale de la machine à battre. On voit qu'elle consiste principalement en un tambour formé de barres de bois également espacées et fortement fixées avec des boulons sur deux cercles en fonte de fer, lequel tambour tournant rapidement sur son axe (250 à 300 tours environ par minute), frappe le blé qui lui est régulièrement amené dans le sens de sa longueur, l'épi en avant, par une paire de cylindres cannelés. Les tiges du blé restant soumises à son action du moment qu'elles dépassent les cylindres jusqu'à ce qu'elles s'en échappent, se trouvent non-seulement dépouillées de leurs graines, mais encore singulièrement plus propres à la nourriture des bestiaux.

A, Bâtis en bois de chêne fortement constitué et assemblé avec des boulons. Les côtés latéraux sont fermés par des panneaux qui affleurent intérieurement.

B, Table légèrement inclinée, sur laquelle on étend le blé couché de 1 pouce environ d'épaisseur, ayant soin de l'entretenir et de poser le blé nouveau toujours les épis en avant et par-dessus le précédent.

C, Cylindres cannelés alimentaires de la machine. Ils sont creux et en fonte de fer. Les fourchettes dans lesquelles ils sont maintenus l'un sur l'autre, sont aussi en fonte, et ont la faculté, étant fixés sur le châssis de la table à étendre, de pouvoir s'approcher ou s'éloigner du grand tambour-battoir, suivant que peut l'exiger la nature des céréales à battre.

D, Grand tambour-battoir. Il est formé :

1º. D'un axe en fer portant 2 pouces carrés, tournant sur deux paliers en fonte, mais garnis de coussinets de cuivre; 2º. de deux cercles en fonte et à rayons de 32 pouces de diamètre; 3º. de douze barres de bois fixées avec des boulons à des intervalles égaux et parallèlement à l'axe, et par conséquent entre elles, sur la circonférence des deux cercles. Chacune de ces barres est garnie, du côté où elles frappent le blé, d'une bande de fer, afin de les faire durer plus long-temps.

E, Roue d'engrenage, en fonte de fer, portant 4 pieds de diamètre. Elle reçoit le mouvement de rotation du moteur qui est ici un manége (j'en donne également la description), et le communique à son tour au pignon F portant 6 pouces de diamètre, monté sur l'axe du tambour.

G, G, Deux poulies égales, montées dans le même plan vertical, l'une sur l'axe de la roue E, et l'autre sur le bout de l'axe du cylindre cannelé inférieur. La première transmet le mouvement à la seconde par le moyen d'une courroie qu'une poulie H de friction tient toujours tendue.

I, Portion de cylindre concave, présentant une surface dentelée qui embrasse la partie inférieure du tambour-battoir, dont on peut le rapprocher plus ou moins à l'aide des coins ou plans inclinés *j*. L'objet de ce cylindre concave est de forcer chaque tige de blé de rester soumise à l'action des barres du tambour, pendant tout le temps qu'elle est prise entre les cylindres alimentaires; mais, du moment qu'elle échappe à ceux-ci, elle se trouve jetée fort loin en arrière de la machine par la vitesse prodigieuse imprimée au tambour.

K, Planche inclinée, fixée avec des équerres en fer contre le dessous du cylindre concave I, qui conduit les graines dans une caisse placée au-dessous.

L, Autre planche inclinée dans le sens contraire de la précédente, et dont l'objet est le même.

M, Point d'application de la force motrice. On y met un genou de cardan, afin de ne pas être assujetti à un alignement parfait des axes du moteur et de la roue E.

N, Poulie qui porte le mouvement, à l'aide d'une courroie, à un tarare placé soit sur le même plan horizontal que la machine, soit dans un étage au-dessus, ce qui dépend de la localité; mais ordinairement il est auprès de la ma-

chine, toujours placée dans une grange spa-
cieuse, ayant un courant d'air continuel.

J'ai vu quelques-unes de ces machines com-
binées avec un tarare, qui donnent tout de suite
les graines nettoyées ; mais cela les complique
et les rend plus sujettes à se déranger, et le service d'ailleurs en est moins facile, puisque dans
ce cas elles doivent être élevées à 7 pieds de
hauteur, pour que les graines puissent tomber
dans le tarare.

D'après les dimensions des roues d'engrenage
et des poulies, nous voyons que la grande roue
E, faisant un tour, en fait faire huit au tambour,
et un seulement aux cylindres alimentaires, lesquels, durant ce tour, font passer une longueur
de blé de 2 pieds, le diamètre de ces cylindres
étant de 7 à 8 pouces ; et chaque tige de blé de
cette longueur, pendant son trajet dans la machine, se trouve donc frappée quatre-vingt-seize
fois par les douze barres du tambour. Aussi, le
blé ou toute autre espèce de céréales, telles que
le seigle, l'orge, l'avoine, les pois, les fèves, etc.,
se trouvent-ils parfaitement battus, la paille et
la graine jetées séparément au loin derrière la
machine, par la force de rotation du tambour
dont la vitesse doit être, comme je l'ai déjà dit,

de deux cent cinquante à trois cents tours par minute.

Trois hommes suffisent pour le service de cette machine, non compris le garçon d'écurie qui veille aux chevaux du manége. On calcule que ces quatre hommes, le manége étant conduit par quatre chevaux, font l'ouvrage de trente-six batteurs en grange (1).

Manége de campagne. Pl. VI.

Fig. 19 et 20. Élévation latérale et plan du manége de campagne qu'on peut transporter et établir par-tout avec la plus grande facilité.

____

(1) J'ai vu en Angleterre le tambour de quelques-unes de ces machines, construites d'ailleurs sur le même principe, tourner dans le sens contraire, c'est-à-dire que le blé, au sortir des cylindres alimentaires, au lieu d'être frappé du haut en bas, est frappé de bas en haut. Alors le dessus du tambour est enveloppé en grande partie par un cylindre concave semblable à l, qui ne permet pas aux épis, lesquels y sont déjà entraînés par leur propre poids, d'échapper à l'action des barres du tambour. A la place de l est un treillage en fil de fer qui embrasse et touche presque le tambour auprès des cylindres alimentaires, à travers les mailles duquel les graines seulement peuvent passer. Cette combinaison est préférée par quelques personnes ; mais, en général, on aime mieux la première, qui brise moins la paille et la jette mieux hors de la machine.

a, Châssis en bois de charpente, assemblé avec des boulons, formant la base du manége. Il doit être logé au niveau du terrain. Il porte des traverses *b*, *c*, *d* et *e* qui, en lui donnant toute la solidité nécessaire, sont destinées à recevoir les crapaudines des deux axes verticaux *f* et *g*, et les collets de l'arbre horizontal *h*.

i, Arcs-boutans en fer, fixés avec des boulons sur le châssis, et qui portent les collets dans lesquels tournent les axes verticaux, *f*, *g*. Ces collets sont formés de deux coquilles en cuivre.

j, Croisillon en fonte monté carrément sur le bout supérieur de l'axe *f*, et qui reçoit les quatre bras de levier du manége.

k, Roue d'engrenage direct, en fonte, portant 4 pieds de diamètre, montée sur l'axe vertical *f*.

l, Pignon de 16 pouces, monté sur l'axe *g*, que mène la roue précédente.

m, Roue d'engrenage d'angle également en fonte, et ayant 4 pieds de diamètre.

n, Pignon conique de 16 pouces, monté sur l'arbre horizontal *h*, que mène la roue précédente.

o, Petit pont en bois sur lequel passent les chevaux attelés au manége.

p, Pièce en fonte, fixée avec des boulons

contre la traverse *c*, qui reçoit le bout de l'axe horizontal *h* en dehors de la lanterne conique *n*.

On voit, d'après les dimensions des roues et des pignons, que l'arbre moteur *f* faisant un tour, l'arbre de couche *h* en fait neuf; et les bras de levier du manége ayant 12 pieds de long, les chevaux marchant au pas de travail, font de trois tours et demi à quatre par minute. Par conséquent l'arbre de couche en fera, pendant le même temps, de trente-deux à trente-six, ou, en prenant un terme moyen, trente-quatre. Cette vitesse est celle qu'il faut pour la machine à battre le blé; la roue E, fig. 18, de celle-ci, ayant 4 pieds de diamètre, et le pignon F 6 pouces, on aura $1 \times 8 \times 34 = 272$ pour la vitesse de rotation du tambour.

Ce manége se place dans une cour à proximité de la grange où se trouve la machine à battre. On fait en sorte que l'axe horizontal du manége réponde à-peu-près au centre de la roue E de la machine à battre. Le mouvement est transmis de l'un à l'autre par une ou plusieurs barres de fer, dont on détermine la longueur d'après la localité.

Tormentor ou herse ouvrante. Pl. VI.

Fig. 21 et 22. Elévation et plan d'un tormen-

tor ou herse ouvrante, que la vue seule des figures fait suffisamment comprendre. Cet instrument, pouvant s'ouvrir depuis un pied jusqu'à 3o pouces, et ayant sur ses côtés extrêmes
deux houes triangulaires x, est employé pour
nettoyer le fond des sillons, ou les intervalles
des lignes, soit de navets, soit de pommes de
terre. On voit comment les traverses y, qui sont
en fer, sont susceptibles de s'allonger, et comment l'étrier d'attelage z peut toujours prendre
sa direction suivant une ligne qui partage en
deux parties égales l'angle formé par les deux
côtés de l'instrument.

*Charrues sillonneuses à deux versoirs opposés et
ouvrans*. Pl. VII.

Fig. 23 et 24. Vue latérale et plan de la charrue sillonneuse à deux versoirs opposés et ouvrans, dite du Northumberland, perfectionnée
par M. Blaikie.

A, Haie de la charrue; elle est en frêne.

B, Mancherons également en bois.

C, Arcs-boutans en fer pour consolider l'as-
semblage des mancherons avec la haie.

D, Bride d'attelage en fer, percée de plusieurs
trous dans sa hauteur, afin de pouvoir choisir
celui qui convient le mieux à la direction du ti-

rage, sans occasionner de décomposition de forces.

E, Roue en fer, montée sur une chape dont la tige s'arrête dans une mortaise percée dans la haie. C'est au moyen de cette roue qu'on règle l'entrure de la charrue dans la terre.

F, Corps de la charrue tout en fonte, qui se fixe avec trois boulons contre le dessous de la haie.

G, Versoirs à surface gauche, tournant autour de deux broches verticales, placées dans le vide de la partie antérieure du corps F ou estomac de la charrue, de manière à être toujours tangens aux joues latérales. Ces versoirs sont en fonte de fer, fortifiés par des nervures en-dedans.

H, Deux triangles au moyen desquels on écarte plus ou moins l'un de l'autre les deux versoirs.

I, Coutre dont le tranchant sépare la terre que la charrue renverse ensuite de côté et d'autre. Il n'est nécessaire qu'autant qu'il s'y trouve des racines; on le supprime dans des terres légères.

J, Soc en forme de fer de lance. On se sert de cette charrue pour former les sillons dans l'ensemencement des navets, des betteraves; pour buter les pommes de terre, le blé de maïs, etc. Les versoirs peuvent s'ouvrir jusqu'à 2 pieds;

on peut creuser des sillons ayant cette largeur sur 1 pied de profondeur.

On s'en sert encore pour creuser des fossés, des rigoles, enlever du gazon ; mais alors on ajoute deux petits coutres circulaires sur les côtés. Elle est aussi en usage en Amérique pour la plantation des cannes à sucre.

Charrue américaine perfectionnée. Voyez Pl. VII.

Fig. 25 et 26. Élévation latérale et plan de la charrue américaine, dont l'usage est déjà fort répandu en Angleterre.

a, Corps et haie de la charrue en une seule pièce de fonte. L'un et l'autre sont fortifiés par des nervures qui règnent dans le sens où la solidité est de rigueur. Le bout de devant de la haie porte un arc de cercle vertical, taillé en crémaillère, qui sert à fixer à la hauteur convenable la bride horizontale d'attelage *b*. Cette combinaison permet de faire varier le point d'application de la force de traction, soit dans le sens vertical, soit dans le sens horizontal, suivant que peut l'exiger la profondeur ou la largeur du labourage. C'est ce que les laboureurs désignent par la faculté de faire plonger et rivoter la charrue.

c, Mancherons en bois fixés avec deux boulons sur le derrière de la haie prolongée à cet effet.

d, Coutre tenu dans une mortaise qui traverse la haie, par des vis et un coin. La partie tran-chante de ce coutre est pour ainsi dire verticale ; et il y aurait même de l'avantage, s'il n'y avait pas de cailloux dans la terre, que ce tranchant fût plutôt incliné en arrière qu'en avant ; la rive du sillon serait coupée plus franchement.

e, Versoir en fonte de fer. Sa surface a la courbure indiquée par M. Jefferson, et que l'expérience a prouvé être la meilleure.

f, Soc, soit en fonte, soit en fer forgé et acéré. Les premiers sont moins chers, de plus longue durée que les socs forgés ; mais il faut qu'il n'y ait point de rocher. Cette charrue n'ayant pas de sep, le soc se fixe avec deux boulons contre la partie antérieure du versoir. Il y a des socs qui portent eux-mêmes leur coutre.

g, Roue en fer, placée au talon de la charrue entre le corps et le versoir. Un décrottoir la tient constamment propre.

h, Écrou, au moyen duquel on peut monter et descendre à volonté la roue précédente.

i, Avant-train de la charrue, vu de profil et de face. Le corps d'essieu seul est en bois, tout le reste est en fer. La roue de droite qui, dans

tous les avant-trains, roule dans le fond du sillon, est tenue ici plus basse que l'autre, de
toute la profondeur de ce même sillon. Cette
disposition sert à tenir l'avant-train de niveau.
Cette roue a également la faculté de pouvoir être
portée plus ou moins en dehors, en faisant glisser son support le long du corps d'essieu où une
goupille l'arrête.

j, Traverse en fer, susceptible de monter et
de descendre le long des deux épées *k*, percées
de divers trous dans le sens de la hauteur. C'est
sur cette traverse que pose le bout de la haie,
où il se trouve pris dans un collet de forme
ovale qui lui permet toutefois un peu de jeu.

l, Anneaux en forme de tire-bouchon, dans
lesquels passent les guides des chevaux.

Cette charrue, pour laquelle M. *** a pris
une patente en Angleterre, et à laquelle M. Coke
a substitué l'avant-train que je viens de décrire, à une roue unique qu'elle avait, donne,
en toute circonstance et dans toutes sortes
de terre, cent livres de tirage de moins que
les charrues les plus renommées, telles que
celles d'Écosse, de lord Sommerville, de Small
et même de Flandre. Cette légèreté est due à la
roue placée au talon qui, soutenant la charrue,
transforme son frottement direct contre le fond

du sillon, en frottement de la seconde espèce. Construite entièrement en fer, les mancherons exceptés, elle est pour ainsi dire indestructible. Elle diffère des autres charrues en trois points essentiels : 1°. par la roue placée au talon ; 2°. par l'application du soc sur la partie antérieure du versoir, au lieu d'être sur le sep, ce qui le rend plus simple, et par conséquent plus facile à faire ; 3°. par l'avant-train qui, ayant la faculté de se tenir de niveau, permet de saisir la haie dans un collet assez juste pour que la charrue se maintienne en position presque seule. Elle n'a pas le défaut qu'on reproche aux autres charrues, sur-tout aux araires brandilloires, ou même à celles qui ont pour avant-train une seule roue, d'être vétilleuse ou susceptible, c'est-à-dire de sortir trop facilement de la raie ou de la terre, à la moindre négligence, ou par un léger obstacle rencontré.

Le tableau suivant a été dressé d'après des expériences comparatives que j'ai faites en avril dernier, dans de bonnes terres à blé, légèrement humides, chez M. Hédouin, maître de poste à Claye, près Paris, sur la route de Meaux.

Tableau comparatif des résistances qu'éprouvent diverses sortes de charrues dans le labourage des mêmes terres.

ESPÈCE de charrue.	ESPÈCE de terre.	Dimension du sillon.		Résistance ou force de traction.	Observations.
		largeur.	profond.		
	(L'année précéd.)	po.	po.	liv.	
Charrue de Brie...	En culture. .	8	5	425	Ce tirage est très-variable. J'ai vu, par momens, l'aiguille monter jusqu'à 1,000 livres.
	En jachère. .	id	id	600	
Charrue de Brie, perfectionnée par F.-E Molard...	En culture. .	id.	id	350	Le passage de cette charrue dans les endroits durs et foulés n'est pas, à beaucoup près, aussi pénible que pour la précédente.
	En jachère. .	id.	id	460	
Charrue de Lord Sommerville...	En culture. .	8 à 9	id	320	Elle a un avant-train.
	En jachère. .	id.	id	420	
Charrue américaine perfectionnée...	En culture. .	id.	id	250	Elle est représentée par les fig. 25 et 26, Pl. VII.
	En jachère. .	id.	id	325	
Charrue écossaise brandilloire...	En culture. .	id.	id	300	Elle est tout en fer. On l'appelle brandilloire parce qu'elle est sans avant-train et difficile à tenir.
	En jachère. .	id.	id	400	
Araire du Brabant...	En culture. .	id.	id	315	Il est très-difficile à tenir.
	En jachère. .	id.	id	400	

On voit que la charrue américaine est la plus légère, et qu'ensuite viennent les charrues d'Écosse et du Brabant; mais ces deux dernières

(261)

demandent un certain apprentissage pour les
tenir. Je remarquerai ici que cette résistance est
extrêmement variable, même dans chaque charrue, l'aiguille du peson étant continuellement
en mouvement; je n'ai mis ici que le résultat
moyen. L'objet de cette expérience étant de reconnaître le rapport des résistances des diverses
charrues, elles ont toutes été expérimentées
d'abord dans les mêmes circonstances, c'est-à-
dire qu'on les avait réglées à la même profondeur et largeur de sillon; qu'elles ont été tirées
par deux chevaux seulement, au lieu de quatre
qu'on met dans le pays, dont la vitesse a été
assez régulièrement de 200 pieds par minute.
Ensuite, j'ai fait labourer à diverses profondeurs,
depuis 6 jusqu'à 10 pouces. J'ai trouvé que le
rapport des résistances restait à-peu-près le
même entre chaque charrue à la même profondeur, mais que cette résistance absolue ne s'accroît pas en raison de la profondeur, c'est-à-
dire que pour faire un sillon de 10 pouces, il
ne faut pas une force double de celle qu'il fallait pour un sillon de 5 pouces.

Il y a bien d'autres observations importantes
à faire sur l'action des charrues dans le labourage; mais ce n'est pas ici le lieu de s'en
occuper. Je compte en donner le développe-

ment dans un mémoire particulier sur cette matière.

Machine à broyer les engrais. **Pl. VII.**

Cette machine consiste en une paire de cylindres dont chacun est formé de disques en fonte de fer, dentés en rochet et non dentés, placés alternativement sur le même axe à côté les uns des autres. Les disques dentés ayant un diamètre plus grand et étant légèrement plus minces que les autres, il en résulte un emboîtement réciproque de l'un à l'autre cylindre, lorsque les axes de ceux-ci sont placés à une distance égale à la somme des rayons des deux sortes de disques. Ces deux cylindres, tournant dans des sens contraires et ayant des vitesses différentes, déchirent ou broient les matières qu'on leur présente. Celles-ci, tombant ensuite le long d'une planche inclinée, dans un laminoir dont les rouleaux sont unis ou légèrement cannelés, se trouvent, dans cette seconde opération, pulvérisées de nouveau. Un tamis placé au-dessous, et qui est agité par le mouvement de la machine, comme dans le tarare, fait le triage du fin et du gros. Cette dernière partie est remise une seconde fois dans la trémie de la machine.

Fig. 27 et 28. Élévation et plan de cette machine. La trémie est supprimée dans le plan, afin de laisser à découvert la disposition des cylindres briseurs.

A, Bâtis en bois de chêne, solidement construit.

B, Axe moteur de la machine, garni d'un volant en fonte de fer dont un des rayons porte la manivelle.

C, C', Pignons en fonte de fer, montés sur l'axe moteur en dehors, de côté et d'autre du bâtis.

D, D', Roues d'engrenage également en fonte, conduites par les pignons précédens. La première de ces roues est montée sur l'axe d'un des cylindres briseurs, et la seconde sur l'axe d'un des rouleaux du laminoir inférieur.

E, E', Cylindres briseurs, formés, comme nous l'avons déjà observé, de disques dentés en rochet et non dentés.

F, F', Plan et disposition de ces disques.

G, G', Roues d'engrenage de diamètre différent, dont la plus petite est montée sur l'axe du rouleau E, et la plus grande sur celui de E'. La première conduisant la deuxième, fait un tour et demi pendant que l'autre n'en fait qu'un. Les deux cylindres briseurs ayant des diamètres égaux, il en résulte entre eux un froissement qui déchire ou pulvérise les substances déjà grossièrement concassées qu'on leur présente. Il convient toutefois de remarquer que les dents des disques sont tournées dans le cylindre E pour entraîner, et dans l'autre pour retenir.

H, Planche inclinée qui reçoit et conduit la matière après le premier brisement, dans le laminoir inférieur.

I, Rouleaux de ce laminoir fortement pressés l'un contre l'autre par le moyen de vis, et dont les coussinets sont garnis de cuivre.

Le tamis placé sous ce dernier laminoir, et qui fait le triage de la matière, n'est pas représenté dans le dessin; mais il est facile de se faire une idée de sa position, qui doit être légèrement inclinée. On le fait agiter au moyen de leviers de renvoi qui aboutissent au pignon C.

Cette machine, qu'on meut à bras d'homme ou de toute autre manière, peut non-seulement servir à pulvériser les engrais, tels que les tourteaux d'huile, les écailles d'huîtres, la pierre calcaire, le plâtre, la bouse de vache desséchée, etc., mais encore à broyer les genêts épineux ou ajoncs, pour la nourriture des bestiaux. Dans ce cas, on supprime le laminoir d'en bas comme inutile.

C'est également avec une machine de cette espèce qu'on déchiquette les chiffons dans les papeteries. Mais alors les disques qui composent les cylindres sont plus minces, et les cylindres eux-mêmes sont placés dans un ordre différent, c'est-à-dire l'un sur l'autre, ayant au-devant d'eux une paire de cylindres cannelés, qui leur amènent régulièrement le chiffon avec la vitesse du cylindre briseur qui tourne le moins vite.

Machine à couper les racines pour la nourriture des bestiaux ou des moutons. Pl. VIII.

Fig. 29 et 30. Coupe verticale et plan de cette machine. On voit qu'elle est à mouvement de rotation, animé par un volant.

A, Bâtis léger en bois de chêne ou de hêtre.

B, Trémie dans laquelle on jette les racines, qui, par leur propre poids, viennent successivement se faire couper à la machine. Elle n'est pas figurée dans le plan horizontal.

C, Axe moteur de la machine, portant d'un côté une manivelle, et de l'autre un volant en fonte de fer, du poids de 40 à 50 livres.

D, Excentrique de l'axe moteur qui, au moyen de la bielle en bois E, transmet le mouvement de va et vient aux couteaux de la machine.

F, Pièces de fer, placées latéralement et unies

à la bielle E par une broche qui les traverse l'une et l'autre. Elles sont posées de champ et glissent dans des rainures pratiquées sur l'angle intérieur de l'établi.

G, Couteau à deux tranchans dont le biseau est en dessous. Sa longueur est égale à la largeur de la machine, et il est tenu dans une position horizontale, par ses deux bouts, dans des mortaises pratiquées au milieu des pièces de fer F.

H, Deux systèmes de lames minces et tranchantes dans le sens vertical, recourbées par un bout et fixées de ce côté parallèlement entre elles à la distance de 7 à 8 lignes, vers le milieu du couteau à deux tranchans G. Les parties droites de ces lames passent et glissent librement dans des mortaises percées à cet effet dans deux morceaux de bois dont on voit la coupe en I, et qui sont placés juste de part et d'autre, à la limite de l'espace que l'excentrique de l'axe moteur fait parcourir aux couteaux.

D'après ces dispositions, il est facile de sentir l'effet de la machine. Le couteau à deux tranchans G étant arrivé à la fin de sa course, laisse entièrement ouvert le bas de la trémie. Alors les racines descendent jusque sur le système des lames H, qui se trouve là comme une grille à

travers laquelle elles ne sauraient passer ,
puisque les intervalles de chaque lame ne sont
que de 7 ou 8 lignes. Le couteau à deux tranchans venant à rétrograder, détache des tranches
de racines dont l'épaisseur est égale à la courbure des lames H, lesquelles tranches étant ensuite conduites avec tout le système qui se meut
en même temps, contre les pièces de bois ou
appuis I, se trouvent recoupées par morceaux de
7 ou 8 lignes; et si l'épaisseur des tranches pri-
mitives est de même, ou à-peu-près, les racines
de toute espèce se trouveront découpées en morceaux prismatiques avec une extrême rapidité,
et sans la moindre peine ; car l'instant où il faut
exercer un peu de force pour la recoupe, est
celui où les couteaux arrivent à la fin de leur
course; mais, alors, l'excentrique du moteur
étant dans une position presque horizontale,
a une force énorme, qui, se trouvant animée
par la force vive du volant, lui fait passer sans
difficulté ce moment de résistance. On voit, sans
que j'aie besoin de le dire, ce qu'il y aurait à
faire pour avoir des morceaux plus ou moins
volumineux.

Les racines ainsi recoupées par morceaux de
forme prismatique, sont plus propres à la
nourriture des jeunes et des vieux moutons que

quand elles sont seulement coupées par tranches; mais la machine se prête également, quand
on veut, à les couper de cette dernière façon,
et à toute épaisseur. Il ne faut, pour cela, que
substituer au système des lames minces H, dont
l'objet est de fermer le bas de la trémie et de re-
couper les tranches, une seule petite planche
en bois ou en fer, de la dimension du bas de la
trémie, placée immédiatement au-dessous, de
manière à pouvoir la monter ou la descendre à
volonté, suivant l'épaisseur qu'on veut donner
aux tranches. Le milieu du couteau à deux tranchans G, porte en-dessous un petit tasseau égal
en largeur à la distance qui s'y trouve jusqu'à
la planche inférieure. Ce tasseau fait tomber les
tranches de racines détachées par chaque voyage
de couteau. (*Voyez* cette disposition, fig. *j*.)

En tout cas, les racines, avant d'être soumises à cette opération, doivent être bien lavées. Cette précaution est autant nécessaire à
la propreté qu'on doit apporter dans la préparation des alimens des bestiaux, qu'à la conservation de la machine.

Coupe-racines à levier.

Cet instrument est construit sur le même
principe que le précédent, et coupe comme

lui, en une seule opération, les racines par morceaux de forme prismatique quadrangulaire, mais avec un simple mouvement de levier.

Fig. 31 et 32, Vue de face et coupe, dans le sens de sa longueur, de cette machine. Les racines, placées dans une auge dont le fond est en pente, tombent, quand le levier est élevé, contre la rangée, qui est ici verticale, au lieu d'être horizontale comme dans la machine précédente, des lames minces ou grillage tranchant, où le couteau, qu'on fait descendre au moyen d'un levier, les coupe d'abord par tranches, et force ensuite celles-ci à passer à travers les intervalles que laissent entre elles les lames minces.

a, Bâtis de cette machine.

b, Caisse dont le fond est incliné, dans laquelle on place les racines.

c, Levier qui fait agir les couteaux de la machine.

d, Plaque de tôle et couteau fixés avec des vis à bois contre deux règles de bois qui glissent librement dans des coulisses pratiquées sur les arêtes intérieures des deux montans du devant du bâtis.

e, Bielle qui sert de point d'appui au levier,

et qui permet au point *f* de se mouvoir suivant une ligne verticale.

g, Rangée de lames minces et tranchantes, unies à la plaque de tôle par le moyen de tenons et de coches en queue d'aronde.

Cette machine, plus simple que la précédente, et par conséquent moins chère, réduit également très-vite toutes sortes de racines en morceaux de la grosseur convenable, pour la nourriture de toute sorte de bétail.

Si on ne voulait que des tranches, il n'y aurait, comme dans la machine précédente, qu'à retirer la rangée de lames *g*, et à mettre vis-à-vis la lunette une petite planche tenue à la distance qu'on veut donner à l'épaisseur des tranches. La position étant ici verticale, elles tomberont plus facilement que dans le premier cas.

Houe à cheval renversée de M. Blaikie.

Fig. 33 et 34, Élévation et plan de cet instrument, que M. Blaikie a nommé houe à cheval renversée, à cause de la forme des houes, dont le tranchant se trouve être en retour d'équerre avec la tige.

A, Flèche ou timon en bois de l'instrument; il porte 3 pieds de long sur 2 et 3 pouces d'équarrissage.

B, Roue en fonte de fer d'un pied de diamètre, qui soutient à hauteur le bout du timon
dans la direction du tirage.

C, Deux barres de fer horizontales, de 4 pieds
de long sur un pouce carré; elles traversent
perpendiculairement la flèche et deux plaques
de fer boulonnées sur ses côtés, distantes entre
elles de 8 pouces.

D, Deux roues en fer semblables à la roue B,
qui soutiennent à hauteur, et par leurs extrêmités, ces deux barres horizontales. Elles ne
sont guère en usage que pour conduire l'instrument aux champs. Néanmoins, on les laisse
quelquefois, sur-tout quand on veut parfaitement dresser la surface d'un terrain.

E, Mancherons de l'instrument fixés sur les
barres C avec des boîtes coulantes en fer et à
vis. Cette application variable des mancherons
est nécessaire pour ne pas gêner le placement
des houes le long de ces mêmes barres.

F, Houes renversées de l'instrument. Leurs
tiges, hautes de 14 pouces, portent 10 lignes
carrées. Le bas est recourbé d'équerre et tranchant d'un côté, dans le sens horizontal, mais
refusant un peu vers le bout en arrière, par
rapport à la direction, ainsi qu'on en voit une
et isolée en F', faite sur une échelle double. On

remarquera que moitié des houes sont pliées dans un sens, et moitié dans l'autre.

G, Boîtes coulantes et à vis, qui servent à fixer chaque houe alternativement sur les barres horizontales C, à la distance et hauteur qu'on juge à propos.

G′, Indique sur une échelle double la manière dont les boîtes unissent la tige des houes aux barres C.

H, Lignes de blé entre lesquelles agissent deux houes, dont une est placée sur la barre de devant, et l'autre sur celle de derrière, se croisant un peu, pour détruire complétement les mauvaises herbes.

Tout le fer dont se compose cet instrument doit être d'une bonne qualité et corroyé.

On s'en sert dans une infinité de cas, mais particulièrement pour nettoyer les intervalles des lignes de blé ou autres récoltes semées régulièrement avec le drille. A cet effet, on a trois ou quatre assortimens de houes de rechange, qui, toutes, peuvent s'ajuster dans les boîtes coulantes, et prendre toutes les positions, soit en distance, soit en hauteur, que peut exiger le travail. Les houes renversées sont placées, comme nous l'avons déjà dit, alternativement sur les barres, afin qu'elles ne se remplissent

point de terre ou de pierres, ce qui ne manquerait pas d'avoir lieu si elles étaient toutes à côté
l'une de l'autre sur la même barre. Les pointes
des houes de derrière croisent un peu sur les
traces des houes de devant, de sorte qu'il est
impossible à une mauvaise herbe d'échapper à
la destruction. Les plans des houes ne sont pas
dans une position horizontale, ou pour mieux
dire parallèle au terrain, ni leurs tranchans
perpendiculaires à la direction que suit l'instrument. Cette disposition favorise le travail de
l'instrument, et ne le rend point pénible pour
le cheval.

Lorsqu'on veut se servir de cet instrument
pour nettoyer de larges intervalles, des champs
de navets ou de pommes de terre, par exemple,
on place sur la barre de devant, et vis-à-vis le
milieu de ces intervalles, des houes triangulaires, et sur la barre de derrière, deux houes
renversées en sens contraire, pour chaque houe
triangulaire. Alors il est nécessaire que le tranchant des houes renversées ait la même incli-
naison à droite et à gauche que les talus des
sillons creux.

En mettant des dents de fer au lieu de houes,
on transforme cet instrument en herse ou tourmenteur, dont on se sert pour arracher les mau-

vaises herbes, sur-tout si la pointe des dents est légèrement recourbée en avant.

On peut s'attendre que les observateurs légers, et ceux qui ignorent les pratiques de l'agriculture, vont déclamer contre l'usage de cette houe, en supposant qu'elle peut priver les ouvriers de travail, en diminuant considérablement la main-d'œuvre. On serait dans l'erreur, et l'expérience le prouve. Un bon cultivateur, ayant ensemencé ses champs avec le drille, en lignes régulièrement espacées, peut, à l'aide de la houe à cheval renversée, sarcler les intervalles, ce qui produit en même temps un binage très-salutaire à la végétation des plantes. Sa récolte en est prodigieusement augmentée; mais, sans l'instrument en question, il n'en aurait probablement rien fait, puisqu'il faudrait, pour y suppléer, un grand nombre d'ouvriers, qui seraient, par cette raison, très-dispendieux, et qu'il ne trouverait peut-être pas toujours en temps opportun.

Il y a des occasions, sur-tout dans les petites cultures, où l'on peut se servir avec avantage de la houe à main; mais généralement son effet est bien moins efficace que celui de la houe à cheval. La promptitude est un point important dans tous les procédés d'agriculture, et sous ce rapport, comme sóus tous les autres, la houe à cheval a une grande supériorité sur la houe à main, puisque, avec la première, un homme et un cheval peuvent houer 10 acres par jour, tandis qu'avec la dernière on peut à peine en houer un demi-acre pendant le même temps.

L'instant le plus favorable au houage est celui où la pluie venant à cesser, le temps se dispose au beau. Il faut en profiter, ce qui donne encore à la houe à cheval un grand avantage sur la houe à main, par la promptitude avec laquelle elle opère. Si la pluie revenait immédiatement après le houage, les mauvaises herbes, au lieu d'être détruites, ne seraient que transplantées et n'en croîtraient que plus rapidement.

La houe renversée a une grande supériorité sur toutes celles qui ont été inventées jusqu'à ce jour pour le même usage, en ce qu'elle ne fait jamais courir aucun risque aux plantes semées en lignes régulières, tandis que les autres en coupent ou en arrachent plus ou moins.

J'ai dû, pour le moment, me borner au nombre d'instrumens que je viens de décrire et dont je crois l'adoption, ainsi que de beaucoup d'autres, importante pour le perfectionnement de notre agriculture. J'en donne ici une liste générale ; et afin que nos cultivateurs puissent s'en procurer, j'ai formé un atelier de construction que j'ai mis sous la surveillance spéciale de J.-B. Molard neveu, ci-devant employé au Conservatoire de l'industrie. Voici comment s'est exprimé à l'égard de cet établissement naissant, le jury central, dans son rapport sur les produits de l'industrie française de l'exposition de 1819, page 221 : « La » formation, à Paris, d'un établissement con-» sacré à la construction des instrumens agri-» coles perfectionnés, est un événement inté-» ressant. C'est le moyen le plus assuré de pro-» pager l'usage des meilleurs instrumens déjà » connus en France ou à l'étranger, mais non » assez répandus, et de ceux qui seront nouvel-» lement inventés. Un pareil établissement man-» quait à l'agriculture. Il eût été assez difficile, » par exemple, de se procurer des charrues en » fer fondu, et c'est sûrement la cause pour la-» quelle elles sont encore si peu employées dans » notre agriculture, malgré l'avantage d'avoir » une durée plus grande que les charrues de » bois, d'être moins sujettes à réparation, et » d'être d'un emploi plus facile dans le labou-» rage. »

LISTE

DES

INSTRUMENS D'AGRICULTURE PERFECTIONNÉS,

*Que MM. Molard jeune et neveu font construire,
rue Neuve-Saint-Laurent, n°. 6, à Paris.*

1   Charrue de Small avec étançon, sep et versoir en fonte, et un avant-train à roues de fer, pour labour ordinaire.

2   *Idem,* plus forte, pour les labours profonds, les défrichemens, etc.

3   *Idem,* dite de lord Sommerville, avec avant-train.

4   *Idem,* plus légère.

5   *Idem,* dite écossaise brandilloire, c'est-à-dire sans avant-train, montée en bois avec chaîne et bride d'attelage.

6   *Idem,* Tout en fer.

7   *Idem,* américaine perfectionnée, ayant une roue au talon et un avant-train pour régler le bout de la haie; elle est tout en fer. (*Voyez* pl. VII, fig. 25 et 26.)

8   Araire du Brabant, à un seul mancheron et à sabot.

18 **

9 Araire du Gers, à haie pliante, versoir et étançon en
   fonte.

10 Charrue à deux socs et deux versoirs en tôle forte,
   avec un avant-train.

11 *Idem*, à trois socs, pour des terres très-légères.

12 *Idem*, sillonneuse à versoirs opposés et ouvrans.
   (*Voyez* Pl. VII, fig. 23 et 24.)

13 Houe à cheval à un seul soc et deux versoirs en
   fonte opposés, s'ouvrant depuis un jusqu'à 2 pieds,
   pour buter.

14 *Idem*, avec deux coutres recourbés sur les côtés,
   pour former les talus.

15 *Idem*, ordinaire à cheval, à trois, cinq, sept et neuf
   fers, rangés sur deux lignes, avec des boîtes coulantes à vis. (Fig. 2.)

16 *Idem*, à cheval renversée de M. Blaikie, avec deux
   assortimens de houes de différentes formes. (Fig. 33.)

17 Cultivateur à trois, cinq, sept et neuf socs, avec
   des coutres intermédiaires, pour l'enlèvement du
   gazon. (Fig. 4.)

18 Scarificateur ouvrant, à plusieurs lames. (Pl. Ire.,
   fig. 1.)

19 Herse ouvrante de 2 à 3 pieds (Fig. 21.)

20 *Idem*, extirpateur, à dix-sept dents, deux châssis et
   trois roues.

21 *Idem*, rotative, extirpateur et brisoire de M. Morton. (Fig. 6.)

22 Semoirs mécaniques ou drilles à blé et engrais, à
   quatre, cinq, six, sept, huit et neuf becs, de
   M. Frost. (Fig. 9.)

23 Semoir à turneps à deux becs. (Fig. 13.)

24 Semoir à bras du Northumberland, à vingt-une lignes
à-la-fois.

25 Rouleau en fer fondu. (Fig. 15.)

26 Râcloire de jardin de Ducket.

27 Machine à faner de M. Hill, deux dimensions.
(Fig. 5.)

28 Râteau à cheval pour ramasser le foin.

29 Hache-paille à tambour et quatre lames en hélice.

30 *Idem*, anglais à deux couteaux sur le volant.

31 *Idem*, hollandais, à cisailles en croissant et à levier.

32 Machine à couper par tranches les racines, pour la
nourriture des bestiaux, de C.-P. Molard.

33 *Idem* rotative, pour couper les racines par morceaux
de forme prismatique quadrangulaire, pour la nourriture des moutons. (Fig. 29.)

34 *Idem*, à levier, *idem*. (Fig. 30 et 31.)

35 *Idem*, à broyer les pommes à cidre, de Buron.

36 *Idem*, à broyer les engrais. (Fig. 27 et 28.)

37 *Idem*, à broyer le genêt épineux ou ajonc, pour la
nourriture des bestiaux.

38 Machine à râper les betteraves, les pommes de terre,
le raifort, le manioc, etc.

39 Presses continues, pour presser la pulpe.

40 Moulin à bras d'Ovide, à meules de pierre rayonnées.

41 *Idem*, en fer, de C.-P. Molard.

42 Machine à nettoyer le blé à brosses de jonc et autres.

43 Bluterie à brosses et toile métalliques.

44 *Idem*, ordinaire pour petits moulins.

45 Machine à égrener le trèfle.

46 Tarares de plusieurs sortes.

47 Machine à battre le blé, pour deux, quatre et six chevaux.

48 *Idem*, à bras.

49 Manége de campagne portatif, pour deux, quatre et six chevaux.

50 Machine à égrener le coton, à deux, quatre et six systèmes de cylindres en acier.

51 Sondes pour percer de 24 à 36 pieds.

52 Barattes à mouvement alternatif ou de rotation.

N. B. On construit dans ce même atelier tous autres instrumens ou machines en usage dans l'agriculture, d'après des descriptions ou des dessins communiqués.

Les paiemens se font au comptant.

Les lettres ou paquets doivent être affranchis.

TABLE SOMMAIRE

DES

MATIÈRES.

FIN.

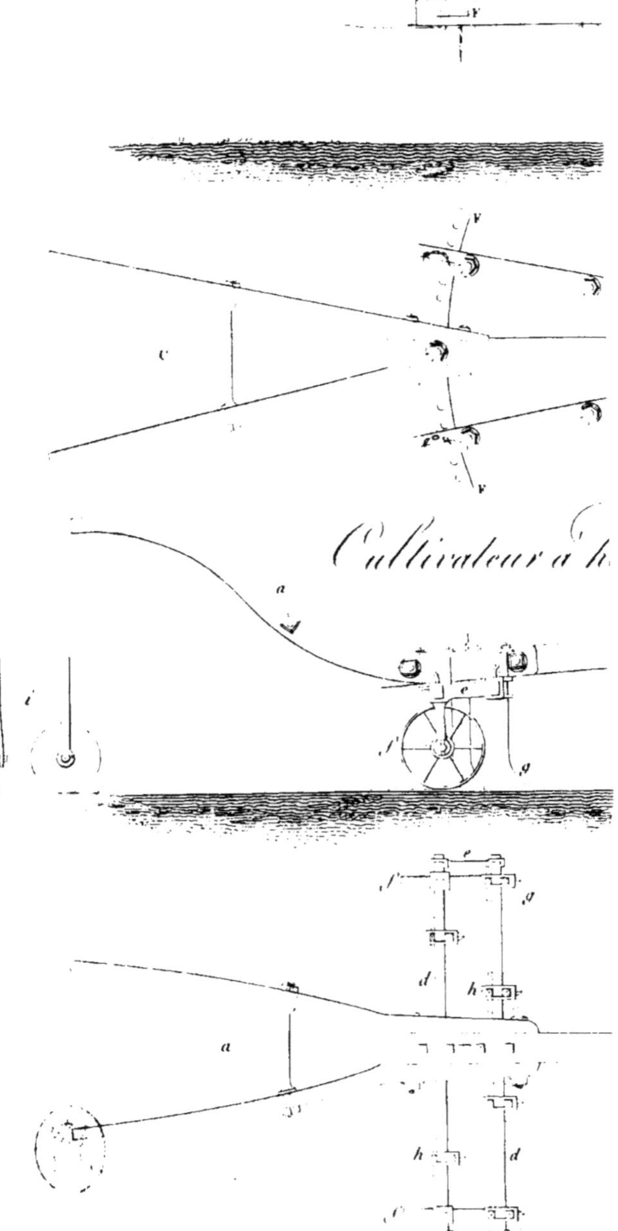
Scarificateur, ou
Cultivateur à b
a
c
i
e
f
g
d
h
a
d
h
e
f
g
h
d
e
Dessiné par Molard

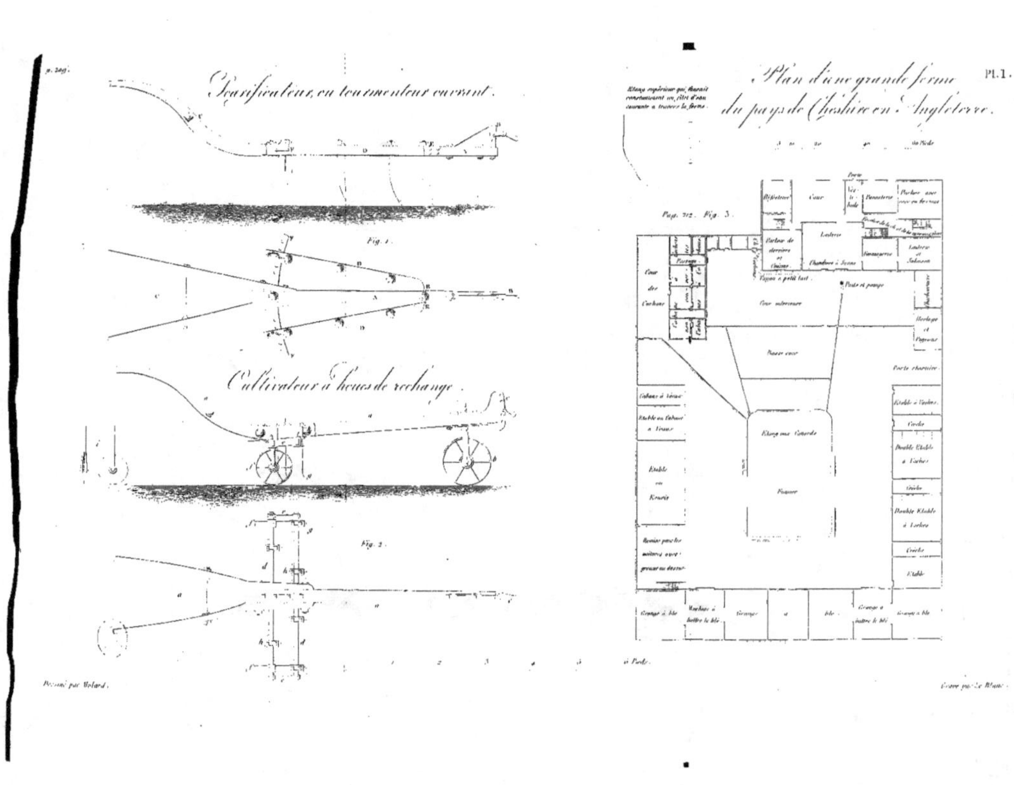
Scarificateur, ou tourmenteur ouvrant.
Fig. 1.
Cultivateur à houes de rechange.
Fig. 2.
Dessiné par Molard.
Plan d'une grande ferme
du pays de Cheshire en Angleterre.
Pl. 1.
Pag. 212. Fig. 3.
Gravé par Le Blanc.

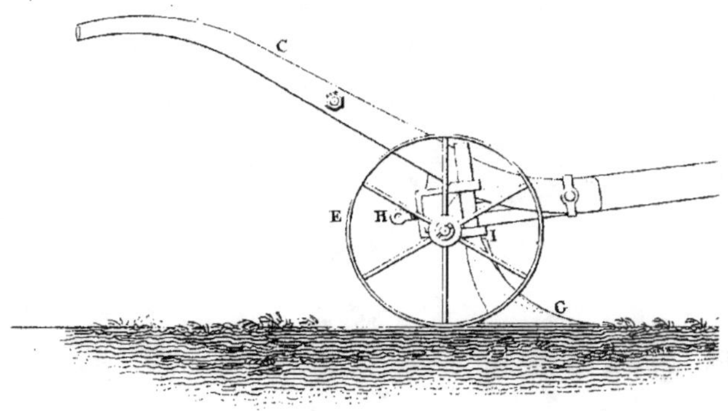

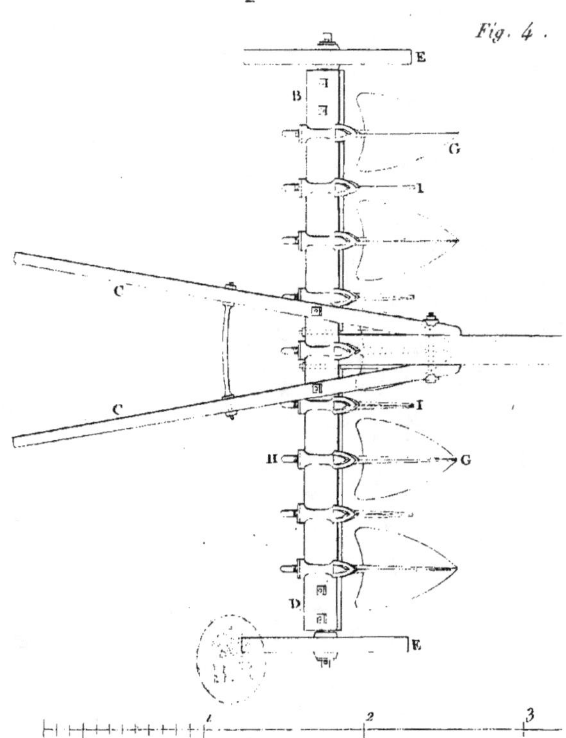

Dessiné par Molard.

Cultivateur à houes plates et tranchantes.

Machine à faner.

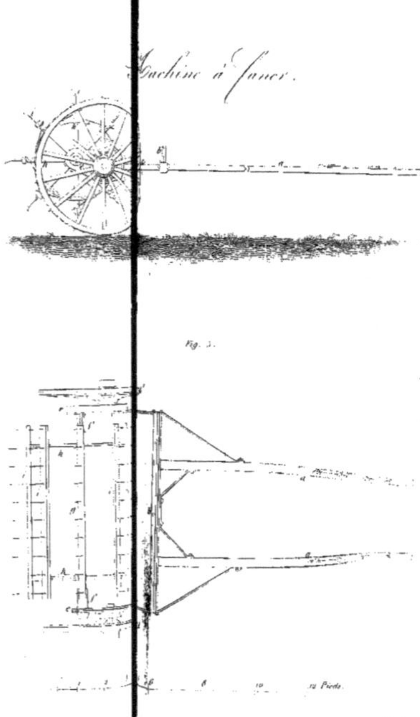

Fig. 4.

Fig. 3.

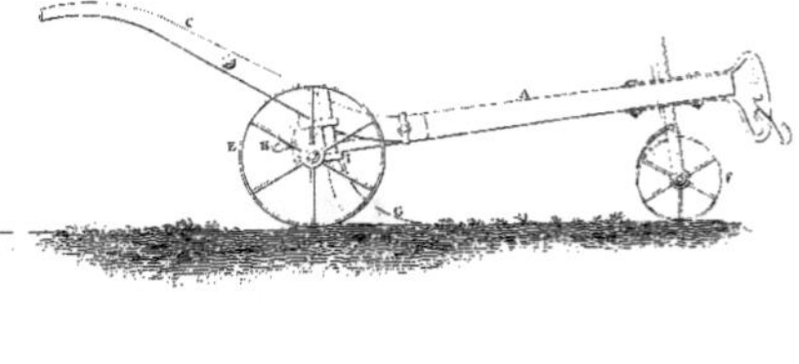

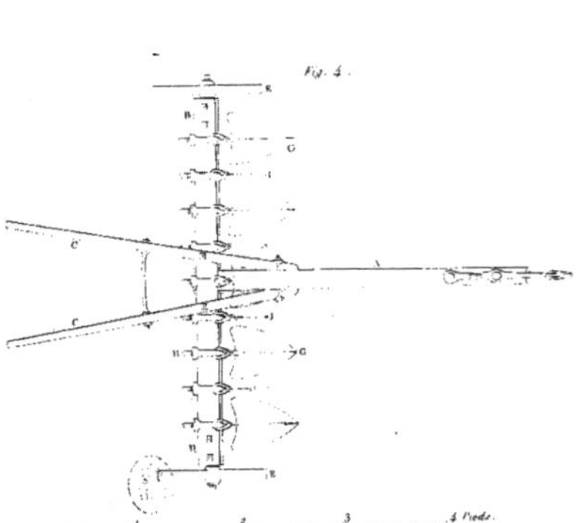

Dessiné par Molard.

Gravé par Le Blanc.

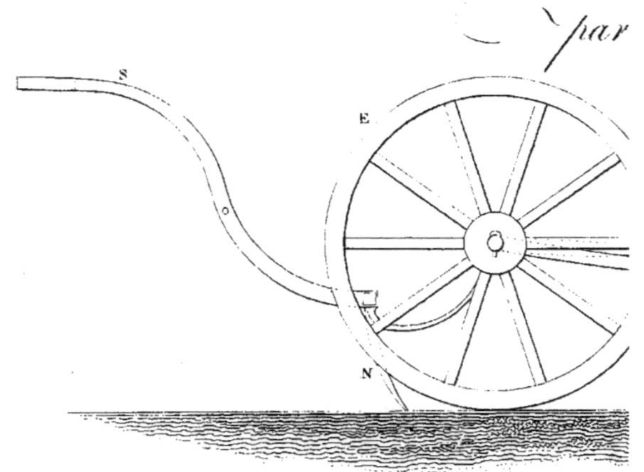

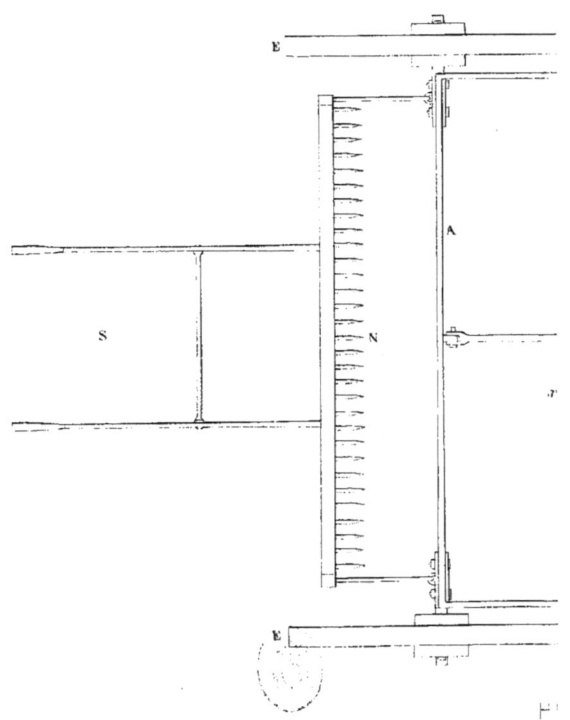

Dessiné par Molard.

Herse brisoire rotative suivie d'un rateau pour extirper les mauvaises herbes,
par Mr. MORTON. — (Pag. 223)

Fig. 6.

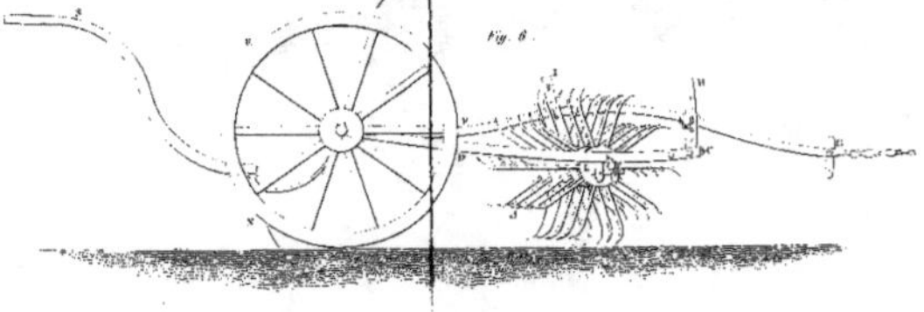

Fig. 7.

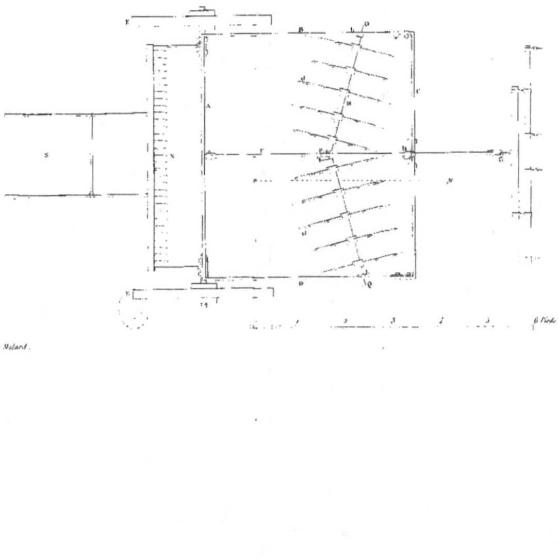

Petite Ferme.

(Pag. 214.) Fig. 8.

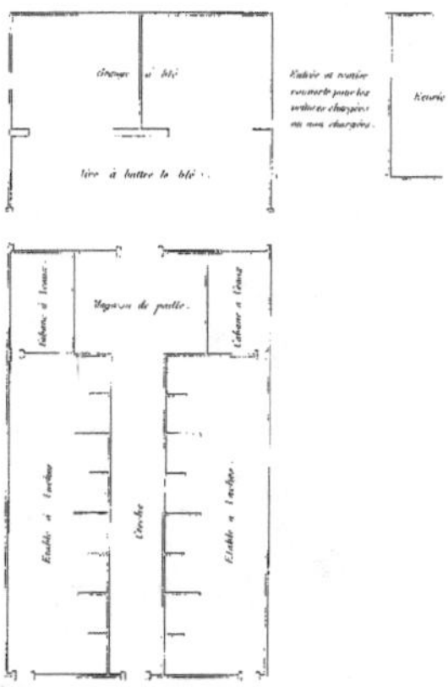

Dessiné par Molard. Gravé par Le Blanc.

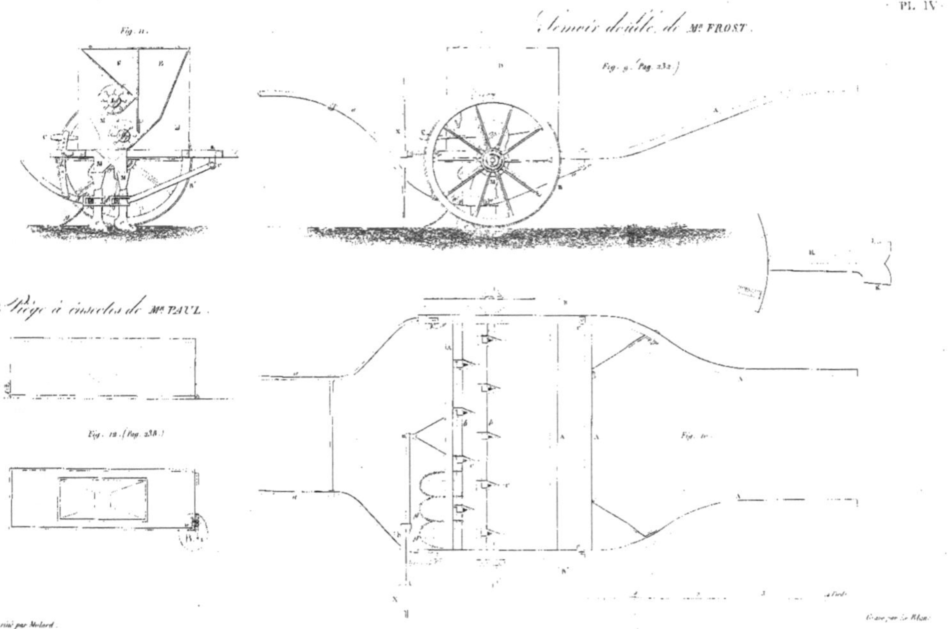

Fig. 11.
Semoir double, de M. FROST.
Fig. 9. (Pag. 232.)
Piège à insectes de M. PAUL.
Fig. 12. (Pag. 238.)
Fig. 10.
Dessiné par Molard.
Gravé par Le Blanc.

Rouleau double en fer pour unir les champs ensemencés, les prairies le gazon transplanté &. (Pag. 254)

Semoir ou Drille à turneps. (Pag. 239)

Fig. 16.

Fig. 14.

Fig. 15.

Fig. 13.

Dessiné par Vuillard.

Gravé par L. Blin.

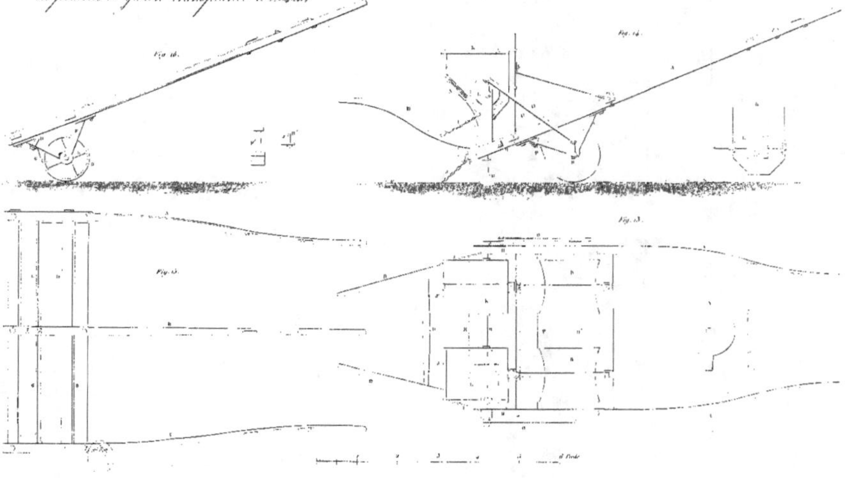

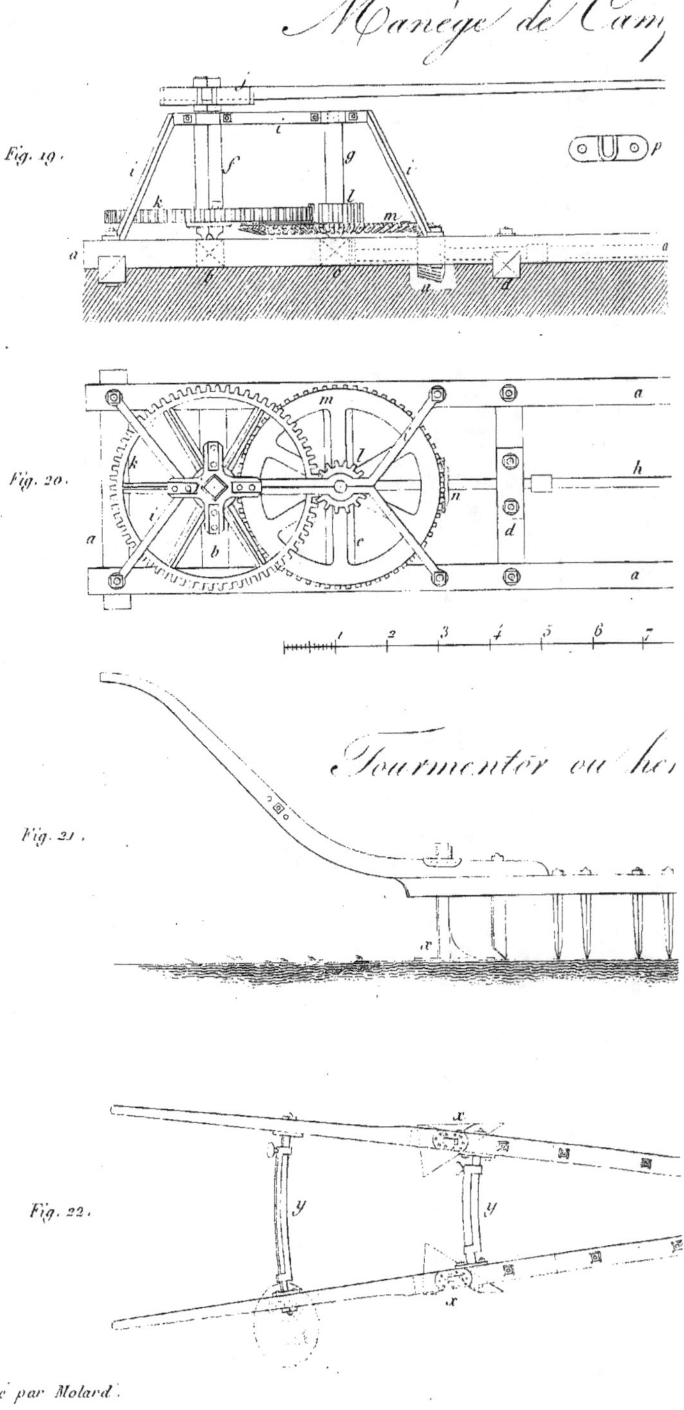

Manége de Cam
Fig. 19.
p
Fig. 20.
1 2 3 4 5 6 7
Tourmentôr ou he
Fig. 21.
Fig. 22.
Dessiné par Molard.

Manège de Campagne. (Pag. 240.)
Fig. 19.
Fig. 20.
Tourmentor ou herse currante. (Pag. 242.)
Fig. 21.
Fig. 22.
Dessiné par Molard.
Machine à battre le blé. (Pag. 244.)
Pl. VI.
Fig. 16.
Fig. 17.
Gravé par Le Blanc.

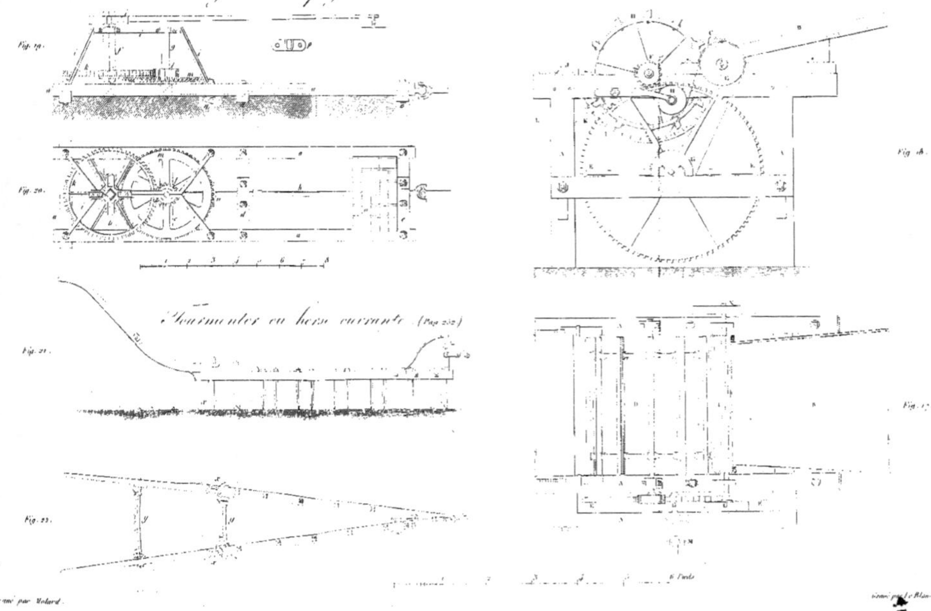

Charrue sillonneuse à deux r

Fig. 23.

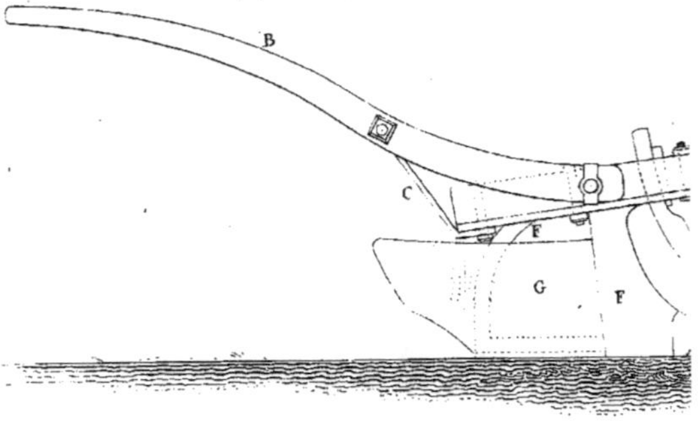

Fig. 24.

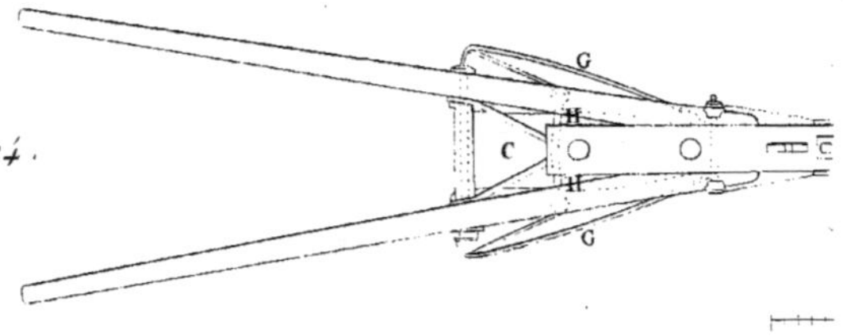

Charrue américaine perfe

Fig. 25.

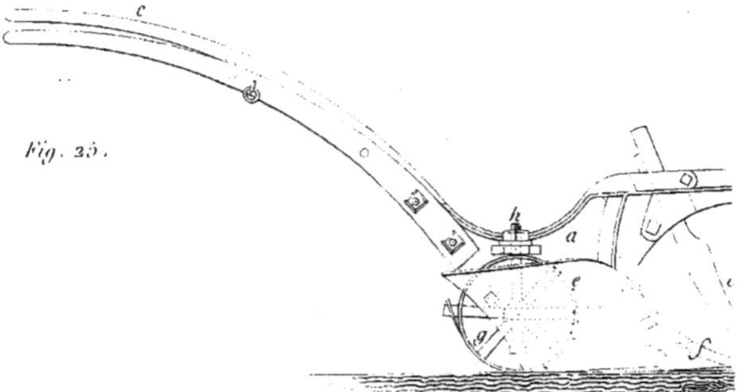

Fig. 26.

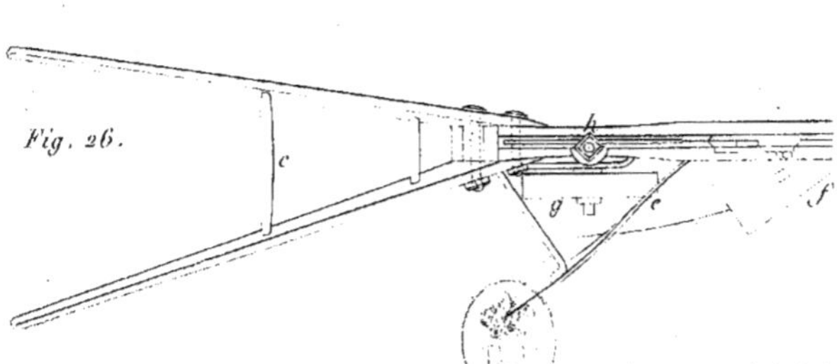

Dessiné par Molard.

Charrue Sillonneuse à deux versoirs opposés et ouvrants. (Pag. 233.)

Machine à broyer les engrais etc. (Pag. 261.)

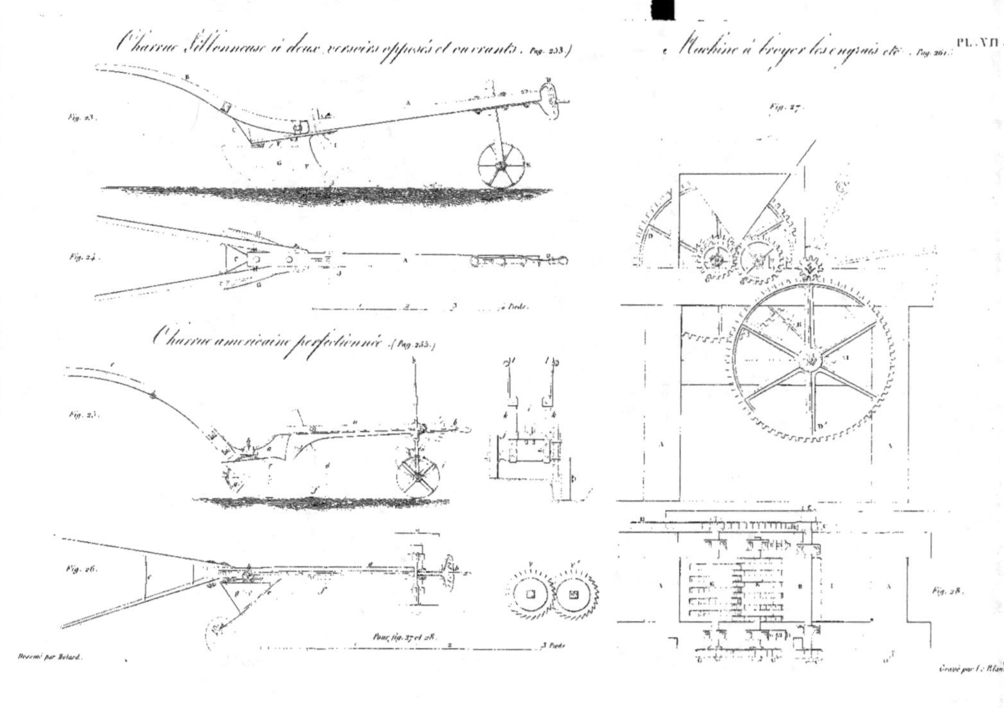

Fig. 23.

Fig. 24.

Charrue américaine perfectionnée. (Pag. 233.)

Fig. 25.

Fig. 26.

Fig. 27.

Fig. 28.

Pour fig. 27 et 28.

Dessiné par Bolard.

Gravé par L. Blan...

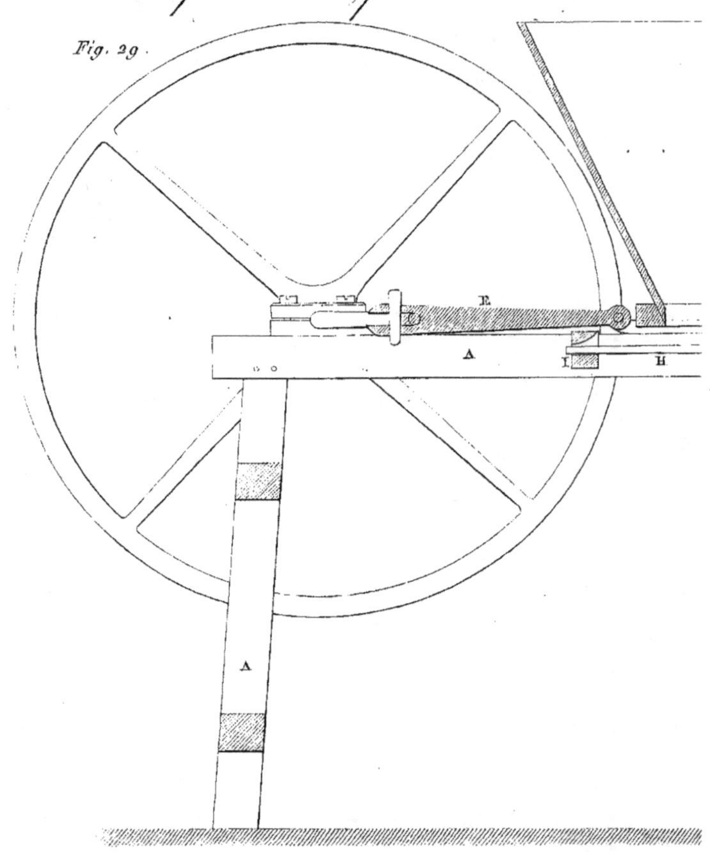

Coupe'racines par mouvement de
Fig. 29
E
A
I H
A

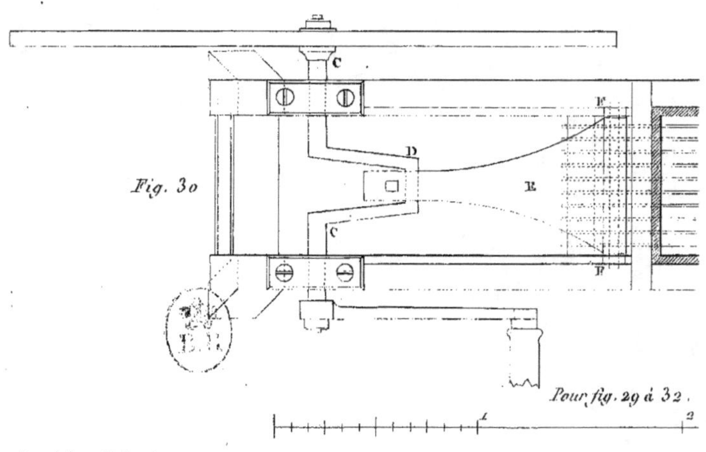

a
C
E
D
E
C
F
Fig. 30
Pour, fig. 29 à 32.
2

Dessiné par Molard.

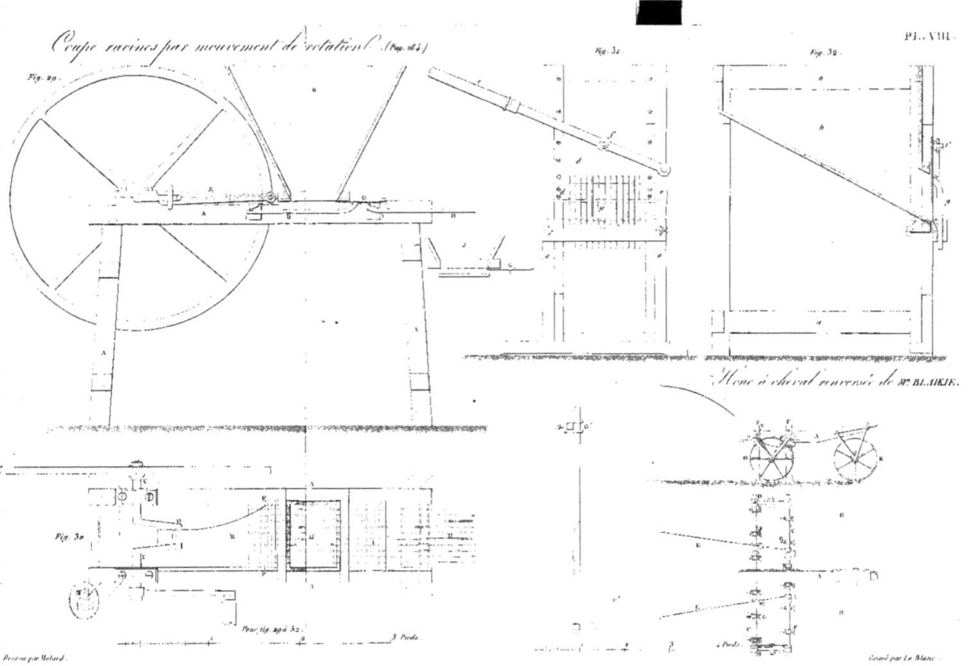
Coupe racines par mouvement de rotation. (Pag. 264.)
Pl. VIII.
Fig. 29.
Fig. 31.
Fig. 32.
Fig. 30.
Pour fig. 29 à 32.
3 Pieds.
Herse à cheval renversée de M. Blaikie.
4 Pieds.
Dessiné par Molard.
Gravé par Le Blanc.